生物特征识别算法研究

姚明海 著

辽宁科学技术出版社

沈 阳

图书在版编目（CIP）数据

生物特征识别算法研究/姚明海著．—沈阳：辽宁科
学技术出版社，2023.9（2024.6重印）

ISBN 978-7-5591-3168-3

Ⅰ.①生… Ⅱ.①姚… Ⅲ.①特征识别—研究 Ⅳ.
①O438

中国国家版本馆 CIP 数据核字（2023）第 162846 号

出版发行：辽宁科学技术出版社
　　　　　（地址：沈阳市和平区十一纬路 25 号　邮编：110003）
印　刷　者：沈阳丰泽彩色包装印刷有限公司
经　销　者：各地新华书店
幅面尺寸：185mm×260mm
印　　张：7.75
字　　数：180 千字
出版时间：2023 年 9 月第 1 版
印刷时间：2024 年 6 月第 2 次印刷
责任编辑：闻　通
封面设计：李　彤
责任校对：张树德

书　　号：ISBN 978-7-5591-3168-3
定　　价：39.00 元

联系电话：024-23284372
邮购热线：024-23284502

前　言

科学技术的不断发展推动了人类文明的不断进步，进入21世纪以来信息技术得到了快速的发展，人们的生活方式发生了翻天覆地的变化。尤其是互联网技术的普及对人们的日常生活产生了巨大的影响，信息化、网络化、数字化的生活方式逐渐深入到日常生活的方方面面。信息化时代的到来也对信息的安全保障提出了更高的要求。生物特征识别技术就是随着信息安全需求的不断变化而发展起来的。生物特征识别技术改变了传统的身份认证方式，也逐步取代了传统的用户名和密码等安全性较低的身份认证方式。由于方便、安全、可靠的特点使得该项技术在教育、医疗、卫生、移动支付、交通运输、金融、公安等诸多领域有着广泛的应用。

生物特征识别技术是通过对生物传感器、信息处理、统计学原理等科技手段的综合运用，利用人体固有的生理特征和行为特征进行身份识别的技术。生物特征识别技术起源于指纹识别技术。随着软件技术和硬件技术的不断发展，人脸识别技术、虹膜识别技术、掌纹识别技术、静脉识别技术、步态识别技术、语音识别技术、签名识别技术、多模态识别技术等众多的生物特征识别技术也逐渐发展起来。

本书在对生物特征识别算法的研究过程中，针对生物特征识别技术的相关算法进行了详细阐述。通过阅读本书能够使读者对生物特征识别技术有一个更加全面的了解。在撰写过程中，作者针对每一种生物特征识别算法都给出了具体的算法原理和流程，并结合掌纹、虹膜、人脸等不同的生物特征给出了具体的实例应用，系统分析了该算法在身份认证过程中的优势和不足。

本书从结构设计上共包含五章内容。第一章对生物特征识别技术进行了介绍，阐述了生物特征识别技术的发展和特点，分别对虹膜、人脸、掌纹、语音等生物特征进行了介绍，针对不同生物特征详细阐述了其优缺点和应用领域。针对生物特征识别技术的评价体系，从数值和图形两个层面介绍了正确率、错误率、查全率与查准率、特异度、ROC曲线等常用的生物特征识别评价指标。最后，介绍了伴随生物特征识别技术发展而诞生的生物识别系统，从整体上按照注册和识别两个阶段详细分析了生物识别系统的结构。

第二章主要介绍了基于神经网络的生物特征识别算法。首先对神经网络的概念、特点、类型及学习方式进行了介绍，使读者能够对神经网络的基础知识有所了解。在介绍神经网络过程中，重点对常用的 RBFN、SOM 和 BP 进行了详细的阐述，明确了其设计思想及网络学习方式，给出了不同网络的结构示意图。最后，介绍了基于神经网络的掌纹识别算法，针对该算法中的图像采集、图像预处理、特征提取以及识别模型的构建等问题进行了详细的分析。第三章主要介绍了基于稀疏表示和非负矩阵分解的生物特征识别算法。针对稀疏表示字典学习算法的 MOD 算法、K-SVD 算法、LC-KSVD 算法进行了详细的阐述，明确了其设计思想及字典学习过程。在非负矩阵分解算法中详细介绍了 NMF 算法、L21 范数非负矩阵分解算法、图正则化非负矩阵分解算法，就算法的机理和求解过程给出了明确的解释。最后，以生物特征识别中的人脸识别为例，对基于稀疏表示和非负矩阵分解的人脸识别算法的关键技术进行了系统的分析。第四章主要介绍了基于流形学习的生物特征识别算法。详细阐述了流形学习的概念和特点，针对数据降维算法重点介绍了各类线性降维算法和非线性降维算法的工作原理和流程。以人脸特征为例，详细介绍了基于有监督 LPP 与 MMC 的人脸识别算法，就算法的机理和设计思想进行了详细的分析。第五章主要介绍了基于特征选择的生物特征识别算法。对特征选择的概念、基于搜索策略的特征选择算法、基于评价策略的特征选择算法和有监督特征选择算法进行了详细介绍，使读者能够对基于特征选择的生物特征识别算法的基本流程和关键技术有所了解，明确特征选择算法的分类及各种算法的原理和优势。最后，以虹膜为例，介绍了两种基于特征选择的生物特征识别算法。

本书在生物特征识别算法的研究过程中，对生物特征识别算法的现状及发展趋势进行了介绍，系统地分析了各类不同算法的发展及应用情况，对相关算法进行了总结分析，使读者能够更好地了解生物特征识别技术。希望本书的研究工作能够为从事生物特征识别技术研究的人员提供一些参考和借鉴。

目　录

第一章　生物特征识别概述

信息技术的飞速发展推动了社会的进步，反之现代社会对信息技术又提出了更新、更高的要求。计算机技术的发展促使了社会的信息化和网络化发展，而信息化和网络化的社会又对各种信息和系统的安全性提出了更严格的要求[1]。网络的日益普及在带给人们更多便利的同时，也带来了严峻的信息安全问题。通过计算机网络窃取国家机密、商业资料等犯罪现象日益增多。随着电子商务的日益普及，信息安全也开始与每个人的生活息息相关。在当今社会，身份欺骗的数量令人难以置信，估计可造成每年几十亿美元的损失。身份识别的缺陷导致全球信用卡、移动电话和取款机每年至少分别被诈骗5亿美元、10亿美元和30亿美元。

传统的身份认证方法具有不方便、不安全、不可靠等缺陷，与其相比基于生物特征的认证方法具有普遍性、唯一性、可采集性、稳定性等优点，能有效地克服传统身份认证方法的缺陷。生物特征识别技术是国家公共安全和信息安全等领域急需的一项全新技术手段。在过去几年里，生物特征识别技术得到了快速的发展，应用场景逐年增加，市场规模不断扩大。生物特征识别技术在医疗社保、刑侦破案、银行系统、逻辑访问控制、物理访问控制、社会福利、海关、民政部门、电话系统、作息考勤领域等都有广泛应用。在市场需求和生物特征技术的高速发展带动下，生物特征识别技术的市场份额持续大幅度增长。全世界生物识别市场从2016年的126亿美元上升到2021年的286亿美元，平均每年增长率为17.8%。

随着移动支付和电子商务的快速发展，会进一步推动生物特征识别技术的市场份额扩大。预计2023年市场规模将增加到500亿美元。图1.1为2016—2022年全球生物特征识别市场规模趋势图。从生物特征识别市场规模趋势图来看，生物特征识别技术的市场规模将在未来的几年内进入高速发展期。

1.1　生物特征识别技术简介

1.1.1　生物特征识别技术的发展

生物特征识别技术是指利用人的生理特征（掌纹、虹膜、人脸等）或行为特征（声

图 1.1　2016—2022 年全球生物特征识别市场规模趋势图

音、步态、签名等）进行身份识别的技术[2]。在中国历史中的秦汉时期就存在通过掌印作为案件侦破证据的记录。古代通过签字画押来证明身份的方法在当今社会一直在沿用。但早期人们对生物特征识别技术还没有形成科学的认识，没有科学的判定准则，仅仅凭借实践过程中获得的经验进行判断，缺乏一定的准确性和可信度。随着人类科技的不断发展和进步，生物特征识别技术的科学理论基础逐渐得到完善。1869 年，英国的《惯犯法》是第一部科学系统表述通过生物特征识别技术来进行身份认定的法律。1888 年，Sir Francis Galton 在国际著名刊物《自然》上发表了首篇研究人类指纹具有唯一性的科研文章，从理论上证明了生物特征具有唯一和不可重复的特性，而且还提出了部分生物特征识别的科学方法，为生物特征识别技术提供了理论依据。19 世纪中期，法国的一名公安人员通过实践总结设计了一套完整的基于人体生物特征测量的身份识别方法，该方法通过描述人体生物特征来进行身份识别。虽然该方法在技术层面上还较为原始，识别精度较低，但这为人类通过生物特征进行身份认证提供了系统性的技术规范。到 20 世纪初期，随着计算机技术的出现，人们开始对智能化生物特征识别技术进行研究。1963 年，Mitchell Trauring 发表了一篇指纹自动匹配技术的研究成果，这一成果标志着智能化生物特征识别技术的诞生，从而取代了传统的人工识别技术。截至目前，生物特征识别技术不仅仅局限于单一的指纹、掌纹、人脸识别，还出现了虹膜、语音、视网膜、静脉、基因、气味、耳形等生物特征的生物特征识别算法。

1.1.2　生物特征识别技术的特点

生物特征识别技术的基础是生物特征，通常用于生物特征识别的生物特征主要包含生理特征和行为特征。对于这些用于生物特征识别的生物特征来说，都应该具备以下特点。

（1）生物特征要具有唯一性，生物特征必须确保具有唯一性，每个用户用于身份识别的生物特征各不相同。生物特征的唯一性是进行生物特征识别的前提。

（2）生物特征要具有广泛性，每个用户都要具备该种生物特征。

（3）生物特征要具有可采集性，用于生物特征识别的生物特征要便于采集，只有能够采集的特征才能够用于生物特征识别，生物特征识别是通过采集到的生物特征数据进行识别和判定的。

（4）生物特征要具有永久性，生物特征不能随着时间的变化而改变，要具备长期的不变性。

图 1.2 展示了部分生物特征。每种生物特征识别技术在准确率、用户接受程度、特征采集成本等方面各不相同，而且都有自己的优缺点，适应的场景也有所不同。

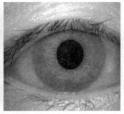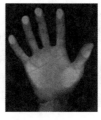

图 1.2　部分生物特征示意图

基于生物特征的自身特点，其表现出的性能又各不相同。每种生物特征都有着其自身的优势，这也决定了不同生物特征应用领域的差异。表 1.1 列举出了主要生物特征识别之间的性能比较[3,4]。

表 1.1　主要生物特征识别之间的性能比较

生物特征	普遍性	唯一性	稳定性	可采集性	准确性	可接受性	安全性	设备成本
虹　膜	极高	极高	极高	高	极高	高	高	高
人　脸	高	低	中	高	低	高	低	低
指　纹	中	高	高	中	高	中	中	中
视网膜	极高	极高	极高	低	极高	低	高	高
掌　纹	高	高	高	高	极高	高	高	高
静　脉	高	高	高	高	高	高	高	高
基　因	极高	极高	极高	低	极高	低	低	高
语　音	高	低	低	高	低	高	低	低
签　名	中	低	低	高	低	高	低	低
步　态	中	低	低	高	低	高	中	低
温　谱	高	高	低	高	中	高	高	高
气　味	高	高	高	低	低	中	低	高
耳　形	中	中	高	中	中	高	中	低

　　鉴于生物特征的不同特点,其应用范围也有所不同。指纹识别多用于门禁、考勤等安全级别相对较低的身份识别系统。人脸识别技术表现为两种方式:一是主动识别,主要应用于移动支付系统、常规门禁系统、考试身份认证系统等;二是被动识别,主要应用于港口、铁路、机场、城市交通等公共交通设施进行安全检查及刑侦系统的罪犯甄别,嫌疑人排查和治安监控系统等。虹膜、掌纹、静脉等生物特征多用于安全级别较高的特殊场所。基因识别则可以通过建立基因数据库用于案件侦破。

1.2　常用生物特征识别

　　生物特征主要包括两大类,一类是人的生理特征,另一类是人的行为特征。生理特征主要有虹膜、人脸、指纹、掌纹、静脉、基因等;行为特征主要有签名、语音、步态等。每种生物特征都有着其自身的特点和局限,因此还有一种是基于多种生物特征融合的多模态特征。

1.2.1　虹膜

　　虹膜识别是 20 世纪 90 年代发展起来的一种生物特征识别技术。虹膜是指瞳孔与巩膜之间的环状生理组织。每个虹膜都包含一个独一无二的特征,如水晶体、细丝、斑点、结构、凹点、射线、皱纹和条纹等特征结构。虹膜是从外部可见的内部器官之一。虹膜具有唯一性、稳定性和可采集性等特点。据统计两个人虹膜相同的概率为 $1/10^{78}$,所以虹膜识别系统可使错误接收率降至最低,大大提高了准确率和安全性。虹膜识别系统的研究是生物特征识别技术的热点和重点内容之一,具有重要的经济价值和社会意义。

　　虹膜识别技术同时具有了高准确性和非侵犯性的特点,非常适合在安全级别要求较高的场合使用。但虹膜识别系统目前还没有被广泛应用[5-9],其原因主要是技术上还存在一些问题,如虹膜图像的采集设备昂贵以及采集到的虹膜图像质量不高,如存在移位、无关区域、光斑等。这些因素直接影响虹膜识别技术的实际应用。

1.2.2　人脸

　　人脸识别技术是指通过分析比较人的脸部特征信息来实现身份鉴定的识别技术,可以说人脸识别是人们日常生活中最常用的身份确认手段。与其他生物特征相比,人脸识别的优势在于其具有自然性、主动性、非侵犯性和识别设备成本低廉等特点。

　　人脸识别的研究涉及心理学、生理学、人工智能、模式识别、计算机视觉、图像分析与处理等多个学科领域[10]。它是人类智能的基本体现,也是最典型、最困难的模式识别问题之一。对这一问题的研究和解决，有助于对其他对象识别问题的研究和解决。人脸识别也因此成为这些基础研究领域的重要课题之一，具有重要的理论研究价值。

脸部识别问题的探索开始于 20 世纪 80 年代末至 90 年代初，随着需要的剧增，人脸识别技术成为一个热门的研究话题[11,12]。许多国家，如美国、欧洲国家、日本、新加坡、韩国等展开了人脸检测的研究，著名的研究机构有美国 MIT 的 Media lab 和 AI lab，CMU 的 Human-Computer Interface Institute 和 Microsoft Research，英国的 Department of Engineering in University of Cambridge 等；国内关于人脸识别研究始于 20 世纪 80 年代，主要是在国际流行方法基础上做了发展性研究工作。

人脸识别目前主要应用于人机交互、身份鉴定等领域[13,14]。虽然人脸识别有很多其他识别无法比拟的优点，但是它本身也存在许多困难，如易受外部环境、表情变化等影响，使得人脸识别的准确率受到很大影响。迄今为止，找到鲁棒的人脸特征是国内外众多学者研究的重点。

1.2.3 指纹

指纹识别技术在我国已经传承了多年。史籍资料表明我国将指纹应用于民间契约及断案有着悠久的历史。指纹是通过手指末端的皮肤纹理信息的特征点（如嵴、谷和终点、分叉点或分歧点等）确认一个人的身份。不同的人在指纹的图案、纹理、分歧点、断点、嵴、谷和终点等信息上各不相同，并且指纹具有唯一性和终生不变性[15,16]。指纹识别技术是目前较为成熟，而且使用最为方便的一种生物特征识别算法。由于指纹识别技术具有非侵害性、识别速度快、使用简单便捷等特点，因此其应用范围最为广泛，在多数的民用门禁、安检等场所都有指纹识别技术的应用。但是指纹识别也有一定的弊端，个别指纹纹理特征相对较少，不容易成像。在指纹采集过程中每次都会留下采集者的指纹痕迹，很容易造成指纹被恶意复制，从而带来安全隐患。

1.2.4 掌纹

由于每个人掌纹的形状不同，特征相对简单，并且成年后掌纹不会发生明显的变化，因此，人们对于掌纹的研究可以追溯到很早以前，那个时期研究掌纹的目的是"算命"。各种历史资料显示，中国早在 2100 多年前就已开始利用掌纹进行断案。2003 年，香港理工大学生物特征识别研究中心张大鹏等建立了世界上最大的掌纹图像数据库，开发了世界上第一套民用联机掌纹识别系统[17]。2004 年，张大鹏教授总结了他所带领的团队在掌纹识别领域的研究成果，撰写了世界上第一部掌纹识别专著。

掌纹是手掌皮肤上所有纹路的总称，主要包括乳突纹、皱纹和屈肌纹等形态。掌纹区域大、信息丰富、特征稳定，因此具有稳定性、唯一性、易于提取和可分性等特点。掌纹识别是对基于指纹和手形的身份鉴别技术的重要补充。掌纹识别设备成本相对低廉，因此可以说利用掌纹进行身份识别的应用前景非常可观[18]。但是，掌纹识别技术的易用性不如其他生物特征识别技术，因为在每一次采集掌纹时，用户必须将手掌姿势摆放正确。同时，由于用户与识别设备直接接触，需要考虑到卫生方面的问题和用户留下的痕迹容易被复制等风险。

1.2.5　语音

语音识别是一种非接触式的生物特征识别方式，在识别过程中容易被接受，而且使用方法较为便捷。语音识别也是一种基于行为特征的识别技术，主要分为语言识别和声音识别两方面。二者的区别主要在于是否对用户说出的词语进行辨认。声音识别只分析语音的频率来进行认证、识别，而语言识别要辨别内容[19]。

由于语音识别受内在因素（如声音的变化范围、声音大小、传递速度等）和外在因素（如背景环境等）影响较大，直接影响了语音的采集和识别过程，进而导致识别准确度较低。另外，随着音频数字处理技术的发展，声音的合成与处理相对容易，这也导致语音识别的安全性得不到保障。但是由于语音识别的非接触性特点，使得其在一些安全级别不是很高的场所还有所应用。

1.2.6　签名

签名识别也是一种基于行为特征的识别技术。签名是用户在长期书写过程中养成的独有的文字书写方式，随着时间发展逐步形成的个人行为特征。签名识别的关键技术就是识别两个签名的差异，签名识别技术识别的不仅仅是字体，还包含写字的力道、笔画书写顺序、笔画连接方式、笔的压力、笔的移动速度等。因此，个人签名可以作为一种有效辨识用户身份的生物特征[20]。

签名作为身份认证的手段已经应用了几百年，是一种很容易被用户接受的较为成熟的身份识别技术。但是签名本身具有不确定性，为签名识别理论的深入发展和技术的整体提高制造了困难，至今仍缺乏通用的理论模型。

1.2.7　多模态

每一种生物特征识别技术在准确率、用户接受程度、成本等方面表现各不相同，而且都有自身的优缺点，适用场合各不相同。这些单一的生物特征身份识别系统在实际应用中也显现出各自的局限性，难以满足人们对高性能的身份识别系统的要求。如：掌纹识别发展成熟，识别率很高，但用户的接受性不好，得不到广泛的接受；人脸识别相对比较友好，能得到用户的广泛接受，但客观约束条件很多，用人脸识别技术就无法区分双胞胎等。多模态生物特征认证系统弥补了单生物特征认证不稳定、错误率较高、容易受到欺骗等缺陷，利用不同模态之间的互补信息提高识别率[21]。多模态生物认证有抗模仿的能力，而且是对人类自身认证方式的模拟，具有很好的研究和应用前景。采用多模态生物特征进行身份识别，通过信息融合技术，综合利用各种生物特征信息，在不同层次中将各种特征信息进行融合，最终得到综合推断结果，达到提高识别率的要求，是目前世界上生物认证领域发展的主流趋势。

为解决单一模态生物认证中存在的各种问题，很多国内外学者致力于多模态生物认证的研究[22-24]。目前，基于多模态生物认证研究工作主要集中在图像级水平融合、特征级水平融合、得分级水平融合、决策级水平融合等方面。

在身份识别领域生物特征的选择主要依赖于具体的应用，没有一种技术能够在所有方面胜过其他技术，也就是说各有利弊。如果能根据使用需要选择合适的方法，或是将使用不同的识别技术建成的多个系统组成一个复合的识别系统，就可以得到更高的识别率和更好的系统性能。

1.3　生物特征识别研究现状及发展趋势

1.3.1　生物特征识别技术的现状

生物特征识别技术是通过生物传感器、计算机及统计学原理等科技手段的综合运用，利用人体固有的生理特征和行为特征进行身份识别的技术。随着智能计算、云计算、大数据技术的快速发展，生物特征识别技术已经融入人们生活的方方面面，如小区门禁系统、移动支付系统、考勤打卡系统等。目前，已经应用于人们日常生活的生物特征识别技术主要有人脸识别技术、指纹识别技术、虹膜识别技术、掌纹识别技术、静脉识别技术、步态识别技术、语音识别技术、签名识别技术、多模态识别技术等。其中，指纹、掌纹、人脸、虹膜、静脉等识别技术利用的是人的生理特征，而步态识别、签名识别等属于行为特征。

基于目前的研究成果来看，指纹识别技术起源比较早，是目前最为成熟的生物特征识别技术之一。指纹识别技术多是通过光学、电信号等方式采集指纹特征图像，然后通过数字图像处理技术对图像进行分析，最终提取指纹的特征信息，进而实现身份识别。但是指纹识别技术也有着其局限性，对于长期从事手工作业的人群，其指纹信息容易遭到破坏，从而影响身份识别的准确性。基于指纹的生物特征识别算法多采用对关键点定位和有效区域进行特征提取，在数据降维的基础上实现身份识别。人脸识别技术是通过对采集到的人体面部图像进行面部器官的特征提取和局部特征分析，最终提取数字特征信息，经与数据库信息进行比对后实现身份认证。因人脸识别具有非接触性特点，基于人脸识别的生物认证技术应用最为广泛，人脸识别技术的研究兴起于20世纪中期，初级应用始于90年代末，并且以欧美技术实现为主。目前，人脸识别技术研究多集中在特征表达上，主要方法包括基于手工设计的特征表示方法和基于深度学习的特征表示方法。虹膜识别技术因其安全性较高，多应用于安全级别较高的特殊场所。相对于其他生物特征识别算法，虹膜识别的准确率较高。虽然虹膜识别也具备非接触性，但由于其采集设备相对昂贵，采集过程比较烦琐，应用范围相对较窄。目前，基于虹膜识别的生物特征识别算法研究多集中于虹膜图像特征的提取、数据的降维和算法的计算效率。静脉识别技术主要针对指静脉和掌静脉进行识别，该方法通过静脉识别仪提取手指或手掌的静脉分布图，通过特征提取手段将其提取到的特征数据进行比对实现身份识别。静脉识别具有速度快的特点，但因其采集设备多为大中型设备，市场普及率偏低。静脉识别具备高度防伪、识别效率高、识别精准、简单易用的特点。目前，国际公认的指静脉识别的特征具有唯一性，但永久性特征还未得到充分证实。语音识别技术是将声音信号转换为电信号，通过声音特征参数进行身份识别。语音识别具有采集方式便捷、采集成本低、不受空间限制等特点。目前，语音识别技术多围绕"混合模型"展开研究，基于神经网络等混合模型的语音识别算法已经成为目前主流的研究方法。

随着科技的不断进步，生物特征识别技术得到了快速的发展。无论是基于生理特征的识别算法还是基于行为特征的识别算法都取得了较好的识别效果。伴随全球信息化、网络化的发展及大数据时代的到来，生物特征识别技术将应用于人们日常生活的各个领域。

1.3.2　生物特征识别技术的发展趋势

生物特征识别技术的发展早期源于指纹技术的发展，由于其起步较早，占领了多数的生物特征识别市场份额。但随着人脸识别、静脉识别、虹膜识别、步态识别等技术的不断兴起，人们逐渐意识到指纹识别存在弊端，其市场份额整体呈下降趋势。截至目前，鉴于人脸识别的优势，在众多生物特征识别技术中其增幅是最高的。目前，其应用范围也是最广的。

从生物特征识别技术的稳定性和识别准确率来看，在所有生物特征识别技术中指静脉识别技术展现出了良好的性能。在指静脉识别技术的运用中，最具有代表性的案例就是日本将指静脉识别技术广泛应用于全国 85% 以上的自助取款系统中，有效降低了金融犯罪案件的案发率。同时，指静脉识别技术在欧美等市场也在逐步地大规模使用。国内的科研人员也在积极对指静脉识别技术展开研究。北京智慧眼科技股份有限公司在 2015年的指静脉算法挑战赛中获得了第一名的成绩，成为国内指静脉识别技术研究的佼佼者。指静脉识别技术中用于身份识别的样本特征来源于人体内部，在身份识别过程中不容易受到外界因素的影响。指静脉识别算法的高准确率使得其市场占有率在逐年递增，且受到安全级别较高行业的关注。随着生物特征识别技术的不断发展，生物特征识别技术的应用领域也在不断地扩大。已经由原来的公安刑侦、门禁考勤逐渐拓展到教育、金融、交通运输、安防等人们日常生活的各个领域。

1.4　生物特征识别评价指标

通常所说的认证是指用户在使用系统时要首先表明自身身份，然后系统通过判断现场收集到的特征与数据库中存有的该用户信息是否一致来判断用户的身份是否是授权用户。当认证系统给出认证结果时，其结果是否可行、可信，就需要一些评价指标对认证系统的性能进行评价和描述，下面主要介绍几种常用的评价指标。

1.4.1　基于混淆矩阵的评价指标

混淆矩阵是根据统计认证模型给出的预测结果和样本的实际情况做出的一个统计表。以二分类模型为例，将实验结果按照测试样本的"实际情况"和"预测情况"进行统计，得到的混淆矩阵如表 1.2 所示。

表 1.2　混淆矩阵

实际情况	预测情况	
	正样本	负样本
正样本	TP	FN
负样本	FP	TN

其中，TP（True Positive）表示实际是正样本并被模型正确预测为正样本的数量；FN（False Negative）表示实际是正样本但被模型错误预测为负样本的样本数量；FP（False Positive）和 TN（True Negative）则分别表示实际是负样本但被模型预测为正样本/负样本的数量。

基于得到的混淆矩阵可以计算如下评价指标。

1. 正确率。

正确率（Accurate Rate，Acc）是最常用的指标之一，即统计被模型正确预测的样本数量占总样本的比例，其计算公式如下：

$$Acc = \frac{TP+TN}{TP+FN+FP+TN} \times 100\%$$ （1.1）

2. 错误率。

同正确率相反，错误率（False Rate，FR）是指被模型错误判断的样本数量占总样本的比例，其计算公式如下：

$$FR = \frac{FP+FN}{TP+FN+FP+TN} \times 100\% = 1-Acc$$ （1.2）

虽然正确率和错误率简便、直观，但当样本集存在严重的类不平衡情况时，它们存在明显的缺陷。例如，当100个样本中，95个样本为负样本，仅5个样本为正样本时，如果模型全部拒绝用户申请，即全部判断为负样本时，模型的正确率和错误率分别为95%和5%，这显然无法真实反映系统的实际情况。因此，为了避免这种情况，就需要通过错误接受率、错误拒绝率、查全率、查准率等指标对识别结果进行评价。

3. 错误接受率与错误拒绝率。

错误接受率（False Acceptation Rate，FAR）表示被模型预测为正样本中错误预测的比例。错误拒绝率（False Rejection Rate，FRR）表示被模型预测为负样本中错误预测的比例。它们的计算公式分别为：

$$FAR = \frac{FP}{FP+TP} \times 100\%$$ （1.3）

$$FRR = \frac{FN}{FN+TN} \times 100\%$$ （1.4）

4. 查全率与查准率。

查全率和查准率从不同角度描述了模型对正样本的识别能力，其中，查全率（Recall）又称召回率、灵敏度、真正率等，表示实际是正样本并被模型正确预测为正样本的比例。查准率（Precision）又被称为精准率、精确率，指模型预测为正的样本中实际也为正样本的比例。其公式如下所示：

$$Recall = \frac{TP}{TP+FN} \times 100\%$$ （1.5）

$$Precision = \frac{TP}{TP+FP} \times 100\% = 1-FAR$$ （1.6）

5. 特异度。

特异度与查全率相对应，作为评价模型对负样本识别能力的特异度（Specificity）表示实际是负样本并被模型正确预测为负样本的比例。其计算公式如下所示：

$$Specificity = \frac{TN}{FP+TN} \times 100\% \tag{1.7}$$

1.4.2 ROC 曲线与 AUC

如果模型输出是"0""1"这样的二分类模型，就可以直接计算上节的各种指标，但如果模型输出是 0~1 概率值这样的回归模型，那么就需要通过设置阈值将 0~1 概率值转为"0""1"决策。而不同的阈值设置明显会影响模型的最终预测结果，这时就可以借助 ROC（Receiver Operating Characteristic）曲线设定最佳阈值，获得客观中立的最优决策模型。

1. ROC 曲线。

ROC 曲线全称是受试者工作特征曲线，又叫感受性曲线（Sensitivity Curve），是基于同一输出信号，因为不同的判定阈值所产生的一系列不同预测结果的模型性能分析工具。早在第二次世界大战期间，ROC 曲线就被用来检测雷达信号是否是敌军（飞机、船舰等）。之后很快被引入犯罪心理学、医学、生物学等领域，并在机器学习和数据挖掘领域得到了快速发展。

通过设置不同的阈值，计算模型决策的真正率（True Positive Rate，TPR）和假正率（False Positive Rate，FPR），并分别以 FPR 和 TPR 为坐标轴的 X 轴和 Y 轴绘制 ROC 曲线。FPR 和 TPR 的计算公式如下：

$$TPR = \frac{TP}{TP+FN} \times 100\% = RECALL \tag{1.8}$$

$$FPR = \frac{FP}{FP+TN} \times 100\% \tag{1.9}$$

很明显这两个指标是互斥的，无法同时达到最优效果。图 1.3（a）为 ROC 曲线示意图，但因现实的实验通常是利用有限个测试样本来绘制 ROC 曲线图，因此无法产生光滑曲线［图 1.3（b）］。

假设模型采用逻辑回归分类器，模型给出每个测试样本是正样本的概率，然后通过设置一个阈值，如果大于等于这个阈值则为正样本，否则就是负样本。如果阈值为 1，那么所有测试样本都为负样本，此时 TPR 和 FPR 皆为 0。随着阈值不断减少，越来越多的测试样本将被决策为正样本，但同时这些被判为正样本的样本也会有一些实际应是负样本的测试样本，此时 TPR 和 FPR 会同时增大。当阈值为 0 时，所有的样本都会被认为是正样本，此时，TPR 和 FPR 会同时为最大值，即（100，100）。经过以上的分析可知，理想状态下当 TPR＝1，FPR＝0 时模型性能最优，所以 ROC 曲线越接近左上角，该模型的性能越好。

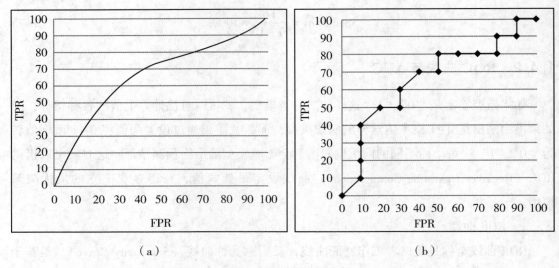

（a）　　　　　　　　　　　　　　　　　（b）

图 1.3　ROC 曲线示意图

2．AUC。

在使用 ROC 曲线时，也经常会同时使用 AUC（Area Under Roc），即 ROC 曲线与坐标轴形成的面积。目前，AUC 的计算多是以逼近法求近似值的方式，主要包含以下几种。

（1）直接计算 ROC 曲线与坐标轴形成的面积，但因过于烦琐不常用。

（2）计算正样本的概率大于负样本的概率。简单来说，AUC 通过随机抽出一对样本，然后用训练好的模型来对这两个样本进行预测，预测得到正样本的概率大于负样本概率的概率，即 AUC＝P（$P_{正样本}$＞$P_{负样本}$）。其公式如下：

$$\text{AUC}=\frac{\sum P(P_{正样本}, P_{负样本})}{M \cdot N}, \ P(P_{正样本}, P_{负样本})=\begin{cases} 1, \ P_{正样本}>P_{负样本} \\ 0.5, \ P_{正样本}=P_{负样本} \\ 0, \ P_{正样本}<P_{负样本} \end{cases} \quad (1.10)$$

其中，M、N 分别是正样本和负样本的个数，显然 AUC 的取值在 0～1 之间，值越大，说明模型的正确率越高。

（3）为了提高计算效率，对方法（2）进行了改进。首先将样本的预测概率由低到高进行排序，然后只将正样本的序号相加，并减去每个正样本在其之前的数，结果便是正样本大于负样本的数量，然后再除以总的样本数得到的便是 AUC 值，即：

$$\text{AUC}=\frac{\sum_{i \in \text{Positive Class}} \text{Rank}_i - M(M+1)/2}{M \cdot N} \quad (1.11)$$

其中，$Rank_i$ 是第 i 条样本的序号，属于正样本的概率值越大，排序值越大；$\sum_{i \in \text{Positive Class}}$ 表示仅统计正样本。

因为 AUC 的计算方式不需要考虑阈值的影响，同时考虑了模型对于正样本和负样本的判别能力，在样本数据不平衡的情况下，依然能够对模型作出合理的评价。

1.4.3 其他评价指标

除了前面介绍的指标外，还有一些评价指标也被经常用到。

1. F1 得分。

F1 得分（F1 score）又叫作 F-measure 或 F-score，是查全率和查准率的加权平均值。其公式如下所示：

$$F1 = \frac{2 \times \text{Precision} \times \text{RECALL}}{\text{Precision} + \text{RECALL}} \tag{1.12}$$

F1 得分取值在 0~1 之间，值越高，表明模型越稳健。

2. PR 曲线与 AP。

PR 曲线与 ROC 曲线类似，仅是将横纵坐标换成了查准率和查全率。同样，与 AUC 相对应的 PR 曲线下面积就是 AP。

ROC 曲线基于 TPR 和 FPR 构建坐标轴，同时考虑了正样本和负样本，是一个相对均衡的评估标准，更适用于评估模型的整体性能。因为 PR 曲线选用查全率和查准率两个指标都是用来衡量模型对正样本的判别能力，比 ROC 曲线更适用于类似信息检索这样的处理严重类不平衡问题。

本节仅介绍了几种常用于评价分类模型的评价指标，在实际应用中，还有诸如均方根误差（Root Mean Squared Error，RMSE）这样的回归模型评价指标，这就需要针对实际情况来选用更为合适的评价指标。同时，在评价一个模型的性能时，也可以考虑引入多个指标从不同角度对模型性能作出客观的评价。

1.5 生物识别系统

生物识别系统是伴随着生物特征识别技术的出现而诞生的。生物识别系统是通过生物特征识别技术来实现身份认证。近年来，生物识别系统随着生物特征识别技术的不断发展，被应用到人们日常生活的各个领域。其具体应用过程是将采集到的生物特征通过数字化处理形成特征数据，通过特征数据的匹配实现身份认证。生物识别系统在设计和使用过程中要充分考虑其可行性、可靠性及识别对象的可接受性。可行性是指在身份认证过程中如何保证数字特征的准确性、身份识别过程中的实效性、用户使用过程中的满意度。可靠性是指在身份认证过程中，能否辨别出认证对象使用的欺骗等手段，确保身份认证的可靠。识别对象的可接受性是指在生物特征数据采集过程中是否会对采集对象造成伤害，是否侵犯采集对象的权益。

生物识别系统所利用的识别技术可以分为两类，即认证和识别。认证就是被认证人首先声明是某位用户，然后通过现场采集到的生物特征与数据库中已有的该用户特征进行一对一地比对，以确认认证者的合法身份。识别就是判断出采集到的生物特征是哪位用户的。这是一对多的判断过程。认证系统和识别系统具有不同的技术特点，应根据实际情况加以使用。

1.5.1 生物识别系统的结构

从整体上来说，生物识别系统的结构主要分为两个模块，一个是注册模块，另一个是识别模块。注册模块主要完成对用户的生物特征进行有效登记，并保存最原始的生物特征数据，用于在识别过程中对被认证人员进行数据匹配，达到身份识别的目的。识别模块则是认证人的生物特征数据与存储在数据库中的数据进行匹配，当匹配成功后则实现了认证人员的身份识别。基于生物识别系统的注册模块和识别模块，生物识别系统的结构又可以分为数据采集、特征预处理、特征提取、模型匹配和数据存储5个部分。

1. 数据采集。

数据采集阶段主要通过传感器来完成，该阶段的主要任务是对生物特征进行采集，传感器要对被采集人的生物特征进行有效的感知并获取。数据采集阶段是生物识别系统能否完成身份认证的基础。在数据采集阶段传感器要对人脸、指纹、虹膜、掌纹、语音、步态、基因等生物特征进行有效获取，并将获取到的原始生物特征数据进行存储，为下阶段的特征预处理和特征提取提供基础数据。

2. 特征预处理。

特征预处理过程是对传感器采集到的原始特征数据进行处理。通过传感器采集的生物特征数据是不能直接用于数据匹配的。传感器采集到的原始特征数据包含很多影响数据匹配的无用信息，如虹膜原始数据中存在眼睑、瞳孔等无用信息。同时，不同传感器采集的数据可能存在很大的差异。因此，要对数据进行预处理，获取用于数据匹配的主要信息。

3. 特征提取。

特征提取主要是对经过预处理的特征数据进行二次筛选，预处理后的特征数据还存在较高的维数，会包含大量的冗余信息。数据的高维度和高冗余将直接影响身份识别的准确性和识别效率。这部分的主要功能是从生物特征数据中提取和选择具有区分性的特征，通过这些特征能够实现对单一个体的有效识别。同时，特征提取和特征选择也可以解决特征数据的高维度问题，提高后续匹配算法的计算效率。

4. 模型匹配。

生物识别系统通过模型匹配实现用户的身份认证。模型匹配主要是通过核心的数据匹配算法将数据库中存储的生物特征数据与认证人的生物特征数据进行有效比对。当两组数据信息的重合度达到规定的阈值时，则匹配成功，也就通过了身份认证。相反，当两组数据信息的重合度不能达到规定的阈值时，则匹配失败。数据模型匹配是生物识别系统的核心，只有高效精准地匹配模型才能实现精准的身份认证。

5. 数据存储。

数据存储部分主要是对采集到的原始生物特征数据和经过预处理与特征提取的有效数据进行存储。数据存储是保障生物识别系统能够正常发挥识别作用的关键。该模块的主要功能就是对特征数据的存储，为身份认证过程中的特征匹配、特征提取提供数据支撑。

1.5.2　生物识别系统的流程

从生物识别系统的基本流程来看，典型的生物识别系统结构如图 1.4 所示，通常包含注册和识别两个阶段。其中，注册阶段负责对采集到的生物特征数据进行特征提取，建立模型库；在识别阶段，待认证用户的数据被采集后，进行同样的预处理和特征提取操作，然后再与模型库中的模型进行匹配得到识别结果。

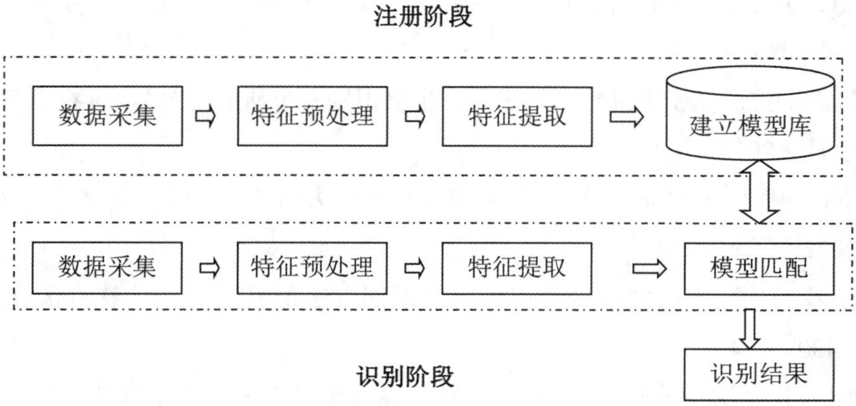

图 1.4　生物识别系统结构

1.6　本章小结

本章首先对生物特征识别技术进行了介绍，阐述了生物特征识别技术的发展和特点。

同时对目前常用的生物特征识别，如虹膜、人脸、掌纹、语音、步态等进行了阐述。针对不同生物特征详细介绍了其优缺点和应用领域。本章还对生物特征识别技术的现状进行了详细阐述，针对目前生物特征识别技术的现状分析了下一步生物特征识别技术的发展趋势。针对生物特征识别技术的评价体系，从数值和图形两个层面介绍了正确率、错误率、特异度、ROC 曲线等常用的生物特征识别评价指标。最后，介绍了伴随生物特征识别技术发展而诞生的生物识别系统，从整体上按照注册和识别两个阶段详细分析了生物识别系统的结构。从功能上介绍了生物识别系统的数据采集、特征预处理、特征提取、模型匹配、数据存储五大功能模块，详细分析各模块在生物识别系统中发挥的作用和功能。

参考文献

[1] 尹方平. 新编生物特征识别与应用 [M]. 成都：电子科技大学出版社，2016：5 -20.

[2] Anil K. Jain, Arun Ross, and Salil Prabhakar. An Introduction to Biometric Recognition [J]. IEEE Transactions on Circuits and Systems for Video Technology, 2004, 14 (1): 4-20.

[3] 付微明. 生物识别信息法律保护问题研究 [D]. 北京：中国政法大学. 2020.

[4] 景英娟，董育宁. 生物特征识别技术综述 [J]. 桂林电子工业学院学报. 2005, 25 (2)：27-32.

[5] 江虹，韩顺杰. 基于手部特征的多模态生物识别系统研究 [M]. 长春：东北师范大学出版社，2013.

[6] 赵世鹏. 基于深度学习的开集虹膜识别算法研究 [D]. 青岛：青岛理工大学. 2022.

[7] 涂娟. 基于分数维的虹膜身份信息稳健识别方法仿真 [J]. 计算机仿真 2021, 38 (8)：430- 434.

[8] 年炳坤，丁建睿，史梦蝶，等. 生理结构先验引导下的虹膜精确分割算法 [J]. 哈尔滨工业大学学报，2021, 53 (8)：49-55.

[9] 曾少. 基于深度特征的虹膜定位和识别方法研究 [D]. 大连：大连理工大学. 2022.

[10] 张帆，赵世坤，袁操，等. 人脸识别反欺诈研究进展 [J]. 软件学报，2022, 33 (7)：2411-2446.

[11] C. Sanderson, K. K. Paliwal. Identity Verification Using Speech and Face Information [J]. Digital Signal Processing, 2004, 14（5）: 449-480.

[12] 苏剑波, 徐波. 应用模式识别技术导论——人脸识别与语音识别 [M]. 上海: 上海交通大学出版社, 2001.

[13] 焦艳玲. 人脸识别的侵权责任认定 [J]. 中国高校社会科学, 2022, 2: 117-128.

[14] 孙伟杰. 基于特征学习的人脸识别研究 [D]. 杭州: 杭州电子科技大学. 2022.

[15] 李明笛, 谢军, 杨鸿杰, 等. 基于特征融合的跳频信号射频指纹识别技术 [J]. 计算机测量与控制, 2022, 30（12）: 319-325.

[16] C. L. Wilson, C. I. Watson and E. G. Paek. Effect of resolution and image quality on combined optical and neural network fingerprint matching [J]. Pattern Recognition 2000, 33（2）: 317-331.

[17] Zhang David, Kong Wai-Kin, You Jane. Online Palmprint Identification [J]. IEEE Tran. On Pattern Analysis And Machine Intelligence, 2003, 25（9）: 1041-1050.

[18] 夏伟. 基于深度学习的掌纹识别算法研究 [D]. 合肥: 合肥工业大学. 2021.

[19] 张国峰, 丁波. 语音识别在语音增强中的应用 [J]. 科技创新与应用 2022. 36: 178-180.

[20] 韩辉, 麦合浦热提, 吾尔尼沙, 等. 基于 Gist 和 IPCA 算法的多文种离线手写签名识别 [J]. 计算机工程与科学 2022, 44（11）: 2048-2055.

[21] 曾宏翔. 基于双波长的手掌多模态识别与防伪研究 [D]. 杭州: 浙江工业大学. 2020.

[22] JianGang Wang, WeiYun Yau, Andy Suwandy, et al. Person recognition by fusing palmprint and palm vein images based on "Laplacianpalm" representation [J]. Pattern Recognition. 2008, 41（5）: 1514-1527.

[23] 张静, 刘欢喜, 丁德锐, 等. 基于广义典型相关分析融合的鲁棒概率协同表示的人脸指纹多模态识别 [J]. 上海理工大学学报 2018, 40（2）: 158-165.

[24] K. A. Toh, X. D. Jiang, W. Y. Yau. Exploiting global and local decisions for multi-modal biometrics verification [J]. IEEE Trans. Signal Process. 2004, 52（10）: 3059-3072.

第二章 基于神经网络的生物特征识别算法

2.1 引言

人工神经网络（Artificial Neural Networks，简写为 ANNs）通常被简称为神经网络（NNs）。人工神经网络是对大脑中自然神经网络的众多基本特性进行的模拟。从仿生学的角度来看，人工神经网络是以人脑的生理结构及工作原理为基础，模拟人脑工作过程而产生的。人工神经网络通过模拟生物神经行为特征进行并行信息处理来构建数学模型，通过自适应地调整神经节点之间的互联关系，实现数字信息的处理。神经网络为解决复杂问题提供了一种简单的方法，其对于多参数问题的求解有着独特的优势。随着计算机技术的不断发展，神经网络的应用领域也越来越广泛。目前，神经网络的应用主要集中于模式识别、机器人工程、专家系统、生物认证、知识工程、优化组合、信号处理等领域[1-5]。在众多应用领域中神经网络主要用于解决分类和回归问题。

由于神经网络的自身特点，将其应用于生物识别系统，构建识别模型是非常有效的。神经网络在生物特征识别中的优势体现在可以识别带噪声和不规范的采集数据，并且识别效率非常高。与其他传统方法比较来说，传统生物特征识别算法需要很多先验知识，而这些先验知识的获取存在很大的难度。神经网络由于其高度的非线性和层次结构，对于输入输出关系不容易表示的知识可以根据现有数据信息自适应地形成复杂的识别模型。神经网络的工作模式使得其在解决生物特征识别、模式聚类等问题时有着明显的优势。

基于神经网络的特点和在生物特征识别领域的优势，本章以生物特征识别中的掌纹识别为例介绍神经网络在生物识别系统中的工作机理。掌纹识别技术是利用手掌的几何特征和纹理特征进行个人身份识别和鉴定的生物特征识别算法之一。该技术因手掌所含信息量巨大、少量的磨损和局部的变化几乎不会对整体的识别效果产生很大影响，同时因图像采集要求低以及系统造价低廉等诸多优点而被广泛应用。其作为一种非常有效且实用的生物特征识别算法，主要应用于金融、商业和国防机构的安全系统等领域。本章针对基于神经网络的掌纹识别算法中的图像采集、图像预处理、特征提取以及识别模型构建等问题展开深入研究。详细介绍神经网络在掌纹识别中具体的建模流程：首先，提出了一种新的关键点定位以及有效区域分割方法；其次，提取了掌纹的几何特征，并基于 Zernike 矩算法提取了掌纹的纹理特征；最后，在深入研究神经网络技术的基础上，设计了基于复合神经网络的掌纹识别分类器，并通过实验验证了该方法的有效性。

2.2　神经网络简介

2.2.1　神经网络的概念及特点

人工神经网络是对大脑中自然神经网络的基本特性进行模拟。人工神经网络能够结合数据特点进行自主学习，它利用有监督的特征数据，分析输入与输出两者之间潜在的联系，建立输入节点与输出节点的关系模型，最终利用这一模型计算新输入数据的输出结果。在神经网络中，这种学习分析、建立关系模型的过程通常被称为"训练网络"。从结构和功能上来看，神经网络是大量神经元相互连接组成非线性的自适应数据处理系统，具备信息处理和信息记忆的能力。神经网络通常具备非线性、非局限性、非常定性和非凸性四个特征。

（1）非线性：非线性关系是自然界中普遍存在的一种关系，生物的大脑思维表现出的就是非线性现象。对于单个神经元只存在活跃和抑制两种状态，这在数学理论上就被称为一种非线性关系，这就表明神经网络具备非线性特性。

（2）非局限性：生物的大脑具有联想记忆的功能，这就是非局限性的表现。一个人工神经网络是由多个神经元相互连接而成的，神经网络的整体行为不单单取决于一个神经元表现出来的状态特征，而是由多个神经元之间的相互连接方式和相互作用关系决定的。因此，神经网络要具备非局限性特征。

（3）非常定性：神经网络在处理信息时不单单要处理常规不变信息，还要应对不同信息的各种变化。在处理这些变化信息时，其非线性结构自身也在不断地发生变化。这就要求神经网络必须具备非常定性，一个好的人工神经网络要具备自适应和自主学习的能力，只有这样才能更好地解决各类数据分析问题。

（4）非凸性：神经网络的建立过程及其演化的方向，在一般条件下取决于其使用的状态函数，而状态函数的极值则对应了系统的稳定状态。神经网络的非凸性则表现为这个状态函数有多个极值，使其具备多个稳定状态，只有这样才能确保神经网络演化的多样性，使其自适应能力更强。

2.2.2　神经网络的类型

随着科技的不断进步，20 世纪以来神经网络技术得到了快速的发展。不同模式的神经网络模型层出不穷。依据神经网络的工作模式主要可以分为前馈式神经网络、循环式神经网络和对称连接式神经网络。前馈式神经网络是目前使用较多的一种神经网络，该网络的第一层为输入层，最后一层为输出层，中间为隐藏层。循环式神经网络将网络各节点构成一个循环结构，可以按照设计的方向回到初始点。循环式神经网络相对较为复杂，训练难度较大。对称连接式神经网络和循环式神经网络相似，只是各神经元之间的连接是对称的，相对于循环式神经网络它更容易理解，但使用上功能有限。本章我们重点介绍最为常见的径向基神经网络（Radial Basis Function Network，简称 RBFN）[6-8]、自组织映射特征神经网络（Self-Organizing Feature Map，简称 SOM）[9,10] 和反向传播网络（Back Propagation Network，简称 BP）[11,12]。

1. RBFN。

RBFN 是前馈式神经网络中的一类特殊的三层神经网络。其隐藏层单元的特性函数采用非线性的径向基函数，仅当输入落在输入空间某一指定的小范围内时，隐藏层单元才会做出响应。输出节点则对隐藏节点的径向基输出进行线性组合。基本思想是，用径向基函数作为隐藏层单元的基，构成隐藏层空间，将输入矢量直接映射到隐空间。当径向基函数中心点确定后，映射关系就确定了。网络的权可由线性方程直接解出，从而避免陷入极小值的问题。RBFN 函数网络的结构如图 2.1 所示。

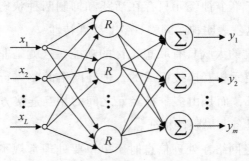

图 2.1　RBFN 函数网络结构

图 2.1 表示 RBFN 函数网络的基本结构，它实现由输入 $X = \{x_1, x_2, \cdots, x_L\}$ 到输出 $Y = \{y_1, y_2, \cdots, y_M\}$ 的映射。对于等输出节点 y_k（$k = 1, 2, \cdots, M$）可以写出：

$$y_k(x) = \sum_{i=1}^{N} w_{ik} R(\parallel x - c_i \parallel) \qquad (2.1)$$

式中，c_i 表示某点的位置，它可以是某一类输入的聚类中心，R 表示某一类非线性径向对称基函数，$\parallel \cdot \parallel$ 表示距某点 c_i 距离测度，N 为隐藏层单元数。

最常采用的 RBFN 函数（又称核函数）为高斯函数[13]：

$$R_j = A\exp\left[-\frac{(x-\eta_j)^2}{2\sigma_j^2}\right] \qquad (2.2)$$

式中，R_j 表示隐藏层第 j 单元的输出，x 表示输入模式，η_j 表示隐藏层第 j 个单元高斯函数的中心。

其他可以采用的非线性 RBFN 函数还有：

立方函数：

$$\varphi\ (x)\ =x^3 \tag{2.3}$$

薄板样条函数：

$$\varphi\ (x)\ =x^2\log_2 x \tag{2.4}$$

多二次函数：

$$\varphi\ (x)\ =\ (x^2+c^2)^a,\ 0<a<1 \tag{2.5}$$

反多二次函数：

$$\varphi\ (x)\ =\ (x^2+c^2)^{-a},\ 0<a<1 \tag{2.6}$$

2. SOM。

SOM 是由芬兰学者 Kohonen 提出的一种神经网络模型，它模拟了动物大脑皮质神经元的侧抑制、自组织等特性。1984 年 Kohonen 将芬兰语音精确地组织为因素图，1986 年又将运动指令组织成运动控制图。由于这些成功应用，自组织特征映射引起世人的高度重视，形成一类很有特色的无监督训练神经网络模型。自组织特征映射的思想来源有两个方面，即人脑的自组织性和矢量量化。

人脑的自组织性：现代遗传生理学的研究表明，对人类的眼、耳、鼻、舌、皮肤 5 种基本感觉信号，大脑皮质有相应的处理区域与之对应，这是由遗传决定的。但是，在高层信息融合处理中并没有发现大脑皮质有特殊细胞负责处理特定信息。尽管目前人们对脑细胞如何来协调复杂信息的过程和机理还不十分清楚，但是已经有以下几点共识。

（1）大脑皮质尽管有许多沟回，但本质上是一个二维平面的拓扑变形，大脑皮质的每个细胞可视作二维平面下一个点。多维信号传递到大脑皮质的过程可视作高维空间信号到二维空间信号的降维映射，降维过程去掉了原始信号的次要特征，保留了其主要特征。

（2）信号空间 R^n 中具有相近特征的信号被映射到大脑皮质中相近区域时，大致保留了信号在 R^n 中的概率分布特征以及拓扑结构特征，也就是说，大脑有自动归类能力，可自动将信号分类。

（3）在形成感觉的区域内，各细胞接收信息的强度是随机的，有强有弱，可视作随机变量。

（4）以响应最强的一个神经元为中心，形成一个区域，大致来说，中心强度最大，离中心越远，强度越弱。

（5）神经细胞之间有侧抑制，存在竞争。这种竞争是通过反馈实现的，即对自己给予最大正反馈，对邻居给予一定正反馈，对远处的细胞则给予负反馈（抑制）。

总之，根据 Kohonen 的观点，高层次的信息在大脑中似乎是按空间位置来组织的，但这种组织方式是十分复杂的，比如不同的两句话，在大脑皮质的听觉区域各有其空间轨迹，它们属于一种超距离的逻辑结构，所以不能用通常的距离概念去度量二者的差别。

自组织映射网络引入了网络的拓扑结构，并在这种拓扑结构上进一步引入变化邻域概念来模拟生物神经网络中的侧抑制现象，从而实现网络的自组织特性。

矢量量化：矢量量化是 SOM 的另一个思想来源，其基本思想是将输入空间划分成多个不相交的超多面体，每个超多面体称为一个区域，每个区域中选一个代表点，称为码本向量。这样凡是同一区域的点均用码本向量来表示，数据可大大压缩。自组织映射网络的输入点和输出神经元的权值互连，在输出神经元之间进行竞争选择，输出神经元之间存在侧抑制，从功能上来说，它能够将单个神经元的变化规则和一层神经元的群体变化规则联系在一起。该网络是一个由全互连的神经元阵列形成的无监督自组织学习网络。SOM 网络输出陈列如图 2.2 所示。

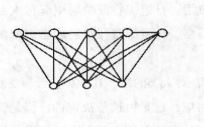
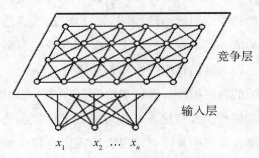

（a）一维SOM网络的输出阵列　　　　（b）二维SOM网络的输出阵列

图 2.2　SOM 网络输出阵列

输出层按一维阵列组织的 SOM 网络是最简单的自组织特征映射神经网络，网络的输出层只标出相邻神经元间的侧向连接。输出层按二维平面组织是 SOM 网络最典型的组织方式，该组织方式更具有大脑皮质的形象。输出层的每个神经元同它周围的其他神经元侧向连接，排列成棋盘状平面。SOM 就是利用其自组织特点，将 N 个输入向量组成的一维序列映射到二维的神经元阵列上，通过自我调整来进行信息的聚类。这种自组织的聚类过程是在系统自主且无监督指导的条件下完成的。

3．BP。

BP 是对非线性可微分函数进行权值训练的多层网络。BP 包含了神经网络理论中的精华部分，由于结构简单、可塑性强，得到了广泛的应用。特别是它的数学意义明确、步骤分明的学习算法更使其具有广泛的应用前景。BP 主要用于函数逼近、模式识别、数据压缩等领域。BP 的思想是从后向前逐层传播输出层的误差，以间接算出隐藏层误差。算法分为两个阶段：第一阶段（正向过程）输入信息从输入层经过隐藏层逐层计算各单元的输出值；第二阶段（反向过程）从输出层开始，逐层向前算出隐藏层各单元的误差，并用此误差修正前一层权值。BP 三层结构图如图 2.3 所示，它有输入层和输出层，还有一层或多层隐藏层。

由于隐藏层的存在，BP 网络可以实现输入到输出的非线性映射，增加网络层数可以更进一步地降低误差，但同时也使网络复杂化，增加了网络权值的训练时间。误差精度的提高也可以通过增加隐藏层中的神经元数目来获得，其训练效果比增加层数更容易调整。因此，一般情况下，应优先考虑增加隐藏层中的神经元数目，其能够直接影响神经网络的学习能力和记忆能力。隐藏层神经元数目较少时，网络每次学习的时间较短，但有可能因为学习不足造成网络无法记住全部学习信息，使权值无法达到全局最小。隐藏层神经元数目越多，网络识别也就越精确，但训练时间也越长，因此隐藏层神经元数目不宜过多，否则会造成网络存储容量过大，也会降低网络的抗噪能力，进而使识别率急剧下降。

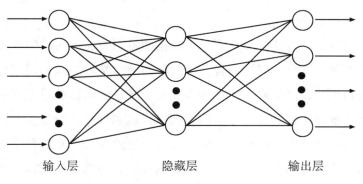

输入层　　　　　　隐藏层　　　　　　输出层

图 2.3　BP 三层结构图

BP 的最大缺点是样本训练的收敛速度慢，为提高网络的收敛速度，又防止网络的震荡发散，主要采用两种改进方法，即调整训练步长和加入动量系数。虽然选择足够大的训练步长可以使网络迅速收敛，但是取值过大可能会导致学习过程系数不稳定，选择太小，又可能使迭代次数明显增加，导致训练过长，不能保证网络的误差值能跳出误差表面的低谷而最终趋向最小误差值。

BP 的传递函数一般为 S 型函数 $f(x) = \dfrac{1}{1 + e^{-x}}$，误差函数为 $E_p = \dfrac{\sum\limits_{j}(t_{pi} - O_{pt})^2}{2}$，式中 t_{pi}，O_{pt} 分别为网络的期望输出和实际计算输出。

在反向传播算法中通常采用梯度法修正权值，为此要求输出函数可微。我们研究处

于某一层的第 j 个计算单元，下标 i 代表其前层第 i 个单元，下标 k 代表后层第 k 个单元，O_j 代表本层输出，W_{ij} 和 W_{jk} 代表前层到本层的权值，如图 2.4 所示。

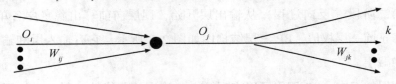

图 2.4　BP 信息传播示意图

2.2.3　神经网络的学习方式

自适应学习是神经网络的核心内容，关于神经网络的学习方式也是科研人员研究的热点问题。神经网络的自适应性是通过其学习过程完成的。根据样本数据的变化，对网络参数及权重进行不断调整，进而不断改善系统的稳定性。Hebb 学习规则是早期的神经网络学习算法，也是神经网络学习算法的基础。在 Hebb 学习规则基础上，为了满足不同神经网络模型的需求，科研人员提出了各种学习算法。对于一个神经网络而言，好的学习规则或算法可以是神经网络自身通过调整参数和权重，建立符合客观规律的表达方法，形成具有特色的数据处理方式。

基于神经网络的学习方式、环境及样本数据的特点，神经网络的学习方式分为有监督和无监督学习两种。就分类问题而言，有监督的网络学习方式是用带有类别属性的样本数据对网络进行训练，网络输入的是样本数据，经过网络运算后得到的输出结果与类别属性进行比较，根据比较的误差逐步调整网络参数和权重，经过多次训练后得到一组稳定的参数值，这样网络也就被建立完成。反传网络就是采用有监督学习方式的神经网络。无监督学习方式与有监督学习方式的区别就在于，训练数据不具备类别属性。在建立网络过程中直接将网络的学习过程和工作过程作为一个整体进行。学习规律变化随着神经元连接的变化而演变。Hebb 学习规则就是一个无监督的学习方式。复杂一点的无监督学习规则就是竞争学习规则，自组织映射网络就是一个典型的竞争型学习网络。

2.3　基于神经网络的掌纹识别

掌纹识别系统同一般的生物识别系统在结构上是一致的，同样由两阶段构成，即注册阶段和识别阶段，如图 2.5 所示。首先，在注册阶段将获取的训练样本进行预处理，进而将提取的特征存入模型库，最后根据模型库设计相应的分类器。识别阶段获取的测试样本同样要进行预处理和特征提取操作，并通过特征匹配算法进行识别。

基于神经网络的掌纹识别系统采用基于距离的手掌关键点定位以及有效区域分割算

法；通过基于距离的几何特征提取算法和基于 Zernike 矩算法的纹理特征提取算法进行两个层次的特征提取；最后通过复合神经网络实现多特征掌纹识别算法。

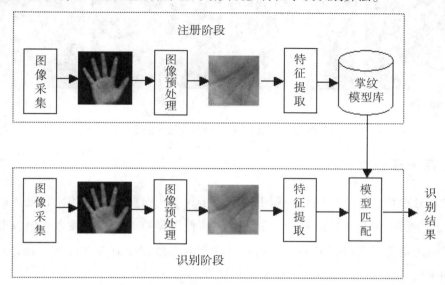

图 2.5 掌纹识别系统流程

2.3.1 图像采集

掌纹图像通过扫描仪获取，在扫描仪的平面上设有立柱对用户手掌进行固定，在图像获取过程中，手掌处在一个全黑的环境中，这样可以使背景单一，从而有利于后期处理。通过这种设备获取图像，用户的手掌可以自由地放在扫描仪的平面上，在扫描图像的时候，用户只需要把手掌放在扫描仪平面上自由伸展即可。

利用上述设备，获取并归一化大小为分辨率 300dpi 的掌纹图像。用户规模共 100 人，年龄主要集中在 20~40 岁。其中男女用户比例为 2:1。在图像获取过程中，首先获取每个人的 5 张图像，间隔一个月再获取另外 5 张，最后形成了一个 100 人 1000 张图像的图像库，图 2.6 给出了图像库中来自不同人的图像，其中图 2.6（a_1）~（a_4）为男性用户的手掌图像，图 2.6（b_1）~（b_4）为女性用户的手掌图像。

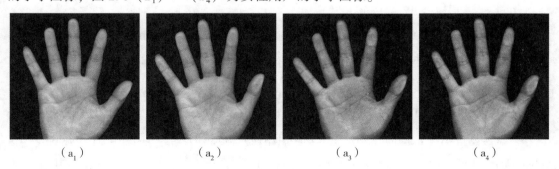

（a_1）   （a_2）   （a_3）   （a_4）

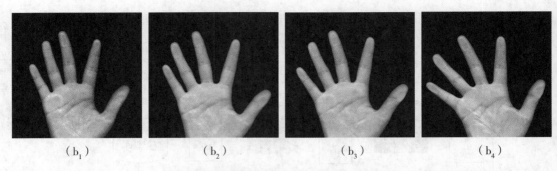

（b₁） （b₂） （b₃） （b₄）

图 2.6 数据库中部分用户掌纹图像

2.3.2 图像预处理

图像预处理是生物特征识别过程中的第一步也是十分关键的一步。预处理的目的是使所获取的掌纹图像便于后续处理，如去除噪声使图像更清晰，对输入检测仪器或其他因素所造成的退化现象进行复原，以及对不规则的图像按照需要进行归一化处理等，在模式识别中对图像预处理的效果直接影响到识别的结果。

1. 手掌轮廓线的提取及表示。

首先将 RGB 图像转换成灰度图像，通过实验对比发现，在直接转换灰度法、抽取红色通道法、抽取绿色通道法和抽取蓝色通道法四者当中，抽取蓝色通道法的灰度图最为清晰。图 2.7 为采用抽取蓝色通道法的灰度图和轮廓图。

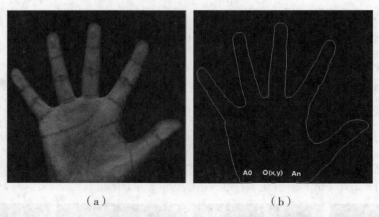

（a） （b）

图 2.7 （a）采用抽取蓝色通道法的灰度图；（b）轮廓图

手掌轮廓线，即手掌图像的边缘，是图像中发生光强度突变的部分。手掌边缘像素与相邻区域像素在灰度级上相比，具有跳跃特性，这是一般的边缘检测算法的依据。为了提取手掌轮廓线，首先利用边缘检测算子检测出手掌的边缘，然后利用边界跟踪算法对手掌边缘进行跟踪，进而得到手掌轮廓线的坐标。常用的边缘检测算子有 Roberts 算子、Sobel 算子、Prewitt 算子、拉普拉斯算子、Kirsch 算子和 LOG 算子[14-17]。在这几种算子中，Roberts、Sobel 和 Kirsch 算子是通过模型与图像的卷积，再经过二值化处理得到的边缘图像，所得到的边缘是多像素的。前四种算子中不包含连接，所得到的边缘是不连续的，而 LOG 算子进行边缘检测所得到的边缘是连续的。采用 LOG 算子进行边缘检测得到的手掌轮廓图像如图 2.7（b）所示。

提取出手掌轮廓线后，用边界跟踪算法对手掌轮廓线进行跟踪。边界跟踪的目的是沿着图像等色区域的边界搜索，将搜索到的边界线上的点记录在点列中。采用 8-邻域边界跟踪算法对手掌轮廓线进行跟踪。设 $f(x, y)$ 为一个边界点，则 $f(x, y)$ 的下一边界点必在其 8-邻域内，因此可以根据 8-邻域信息进行边界跟踪。首先找到位于图像左下角的一个白色像素作为搜索起点，记为角点 A_0，按顺时针方向，从左到右，自上而下，搜索其 8-邻域，找到下一个边界点，并记录该点 A_1，然后以此边界点为当前点继续搜索。这一搜索过程不断重复下去，直到找到最后一个角点 A_n。

2. 手掌关键点定位。

关键点定位算法的具体步骤如下。

（1）根据检测到的角点 $A_0(x, y)$ 和角点 $A_n(x, y)$ 计算出两点间线段的中点坐标 $O(x, y)$。

（2）依次计算轮廓线上的点 A_i、点 $O(x, y)$ 的欧式距离，记录轮廓线上的点以及对应距离，并将距离方向发生改变的点及距离在一个直角坐标系中画出。如图 2.8（a）所示，检测波形的波峰 T_1，T_2，T_3，T_4 和波谷 P_2，P_3，P_4，并记录相应点的坐标。

（3）在掌纹图像上分别标出 4 个手指顶点 T_1，T_2，T_3，T_4，以及 3 个指窝点 P_2，P_3，P_4，如图 2.8（b）所示。

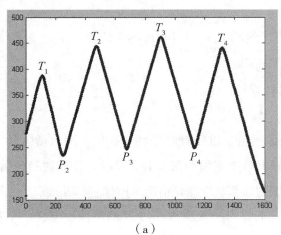
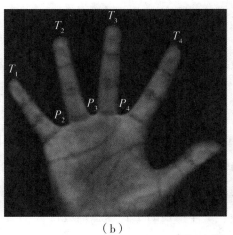

（a）　　　　　　　　　　　　　　（b）

图 2.8　（a）距离曲线图；（b）部分关键点定位图

（4）如图 2.9（a）所示，连接 P_3P_2 并延长，交边界线于点 P_1，其中 P_1P_2 中点为

F_1，P_2P_3 中点为 F_2；连接 P_3P_4 并延长交边界线于点 P_5，P_3P_4 中点为 F_3，P_4P_5 中点为 F_4。连接 T_1F_1、T_2F_2、T_3F_3、T_4F_4。

（5）连接点 F_1 和点 F_4，计算直线 F_1F_4 与水平直线的夹角 θ，

$$\theta = \tan^{-1}\left(y_{F_4} - y_{F_1}\right) / \left(x_{F_4} - x_{F_1}\right) \tag{2.7}$$

其中 $\left(x_{F_1},\ y_{F_1}\right)$、$\left(x_{F_4},\ y_{F_4}\right)$ 分别为 F_1 和 F_4 的坐标。

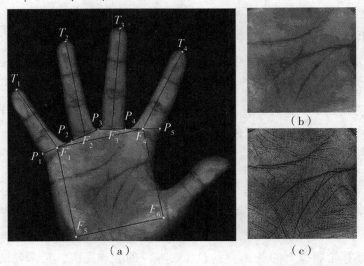

图 2.9　（a）手掌定位图；（b）有效区域；（c）增强后的效果图

3. 手掌有效区域的定位及切割。

掌纹有效区域定位是掌纹识别的重要步骤，区域定位的偏差将给识别效率造成相当大的影响，因此有效而准确地定位有效区域具有极其重要的意义。基于方形有效区域的定位及切割方法，步骤如下。

（1）如图 2.9 所示，做线段 F_1F_5 垂直于线段 F_1F_4，且长度等于线段 F_1F_4。过点 F_5 做线段 F_5F_6 平行且等于线段 F_1F_4，连接点 F_4 和点 F_6。

（2）切割有效区域 $F_1F_5F_6F_4$，并顺时针旋转。

4. 手掌有效区域的增强。

图像增强的目的是去除噪声和改善图像质量，以便有利于特征提取。图像增强的方法包括整体增强和局部增强。整体增强是根据整个图像的灰度分布情况对图像进行改善，局部增强是指根据图像中每一个像素的邻域的局部灰度变化情况对图像进行处理。

整体增强的主要思想是进行灰度变换。假设有一灰度为 0~255 的图像，定义一个灰度变换函数：

$$y = f\left(x\right) \tag{2.8}$$

其中，$x \in \left[0,\ 255\right]$ 为原图的灰度值，$y \in \left[0,\ 255\right]$ 为新图的灰度取值。

常用的整体增强的方法是直方图均衡化。它是利用原图像的灰度分布直方图进行灰度分布的重新调整，使得落在所有灰度等级上的像素点个数均等。对于灰度等级为 256 的图像，灰度变换函数如下：

$$f(x) = 256 \cdot \int_0^r h(r)\,\mathrm{d}r - 1 \tag{2.9}$$

其中，$x = 0$，1，$\cdots$，255，$f(x)$ 为原图像的灰度 x 对应的新灰度值，$h(r)$ 为原图像的灰度分布直方图，即像素点落在不同灰度值上的概率分布。

局部增强的主要思想是根据像素点与其邻域的灰度关系重新调整像素点的灰度，从而使像素质量得到改善。图像上某一点的灰度的新取值是该点及其邻域各点的灰度值的函数，为了计算方便，通常使用掩模来计算变换函数。例如假设点 p_0 的邻域点为 p_1、p_2、p_3、p_4、p_5、p_6、p_7 及 p_8，如图 2.10 所示。

$p = f(p_0, p_1, p_2, p_3, p_4, p_5, p_6, p_7, p_8) = \dfrac{1}{9}\sum\limits_{i=0}^{8} p_i$ 可以用如下掩模，如图 2.11 所示。

p_1	p_2	p_3
p_4	p_0	p_5
p_6	p_7	p_8

图 2.10　像素及其邻域

$\dfrac{1}{9}$	$\dfrac{1}{9}$	$\dfrac{1}{9}$
$\dfrac{1}{9}$	$\dfrac{1}{9}$	$\dfrac{1}{9}$
$\dfrac{1}{9}$	$\dfrac{1}{9}$	$\dfrac{1}{9}$

图 2.11　用图像平均操作的掩模

掩模的具体形式根据具体情况而定，对于一个 $m \times n$ 的掩模，假定 $m = 2a+1$ 且 $n = 2b+1$，其中 a 和 b 都是非负数，所有假设都是基于掩模的大小为奇数的原则，有意义的掩模的最小尺寸是 3px×3px。尽管这并不是一个必须具备的条件，但是处理奇数尺寸的掩模会更加直观，因为它们都有唯一的一个中心点。

这里采用拉普拉斯滤波器来增强一张图像。图像 $y = f(x)$ 的拉普拉斯算子定义为：

$$\nabla^2 f(x, y) = \frac{\partial^2 f(x, y)}{\partial x^2} + \frac{\partial^2 f(x, y)}{\partial y^2} \tag{2.10}$$

该二阶导数的通用数字近似为：

$$\frac{\partial^2 f}{\partial x^2} = f(x+1, y) + f(x-1, y) - 2f(x, y) \tag{2.11}$$

和

$$\frac{\partial^2 f}{\partial y^2} = f(x, y+1) + f(x, y-1) - 2f(x, y) \tag{2.12}$$

因而有

$$\nabla^2 f(x, y) = [f(x+1, y) + f(x-1, y) + f(x, y+1) + f(x, y-1)] - 4f(x, y)$$

$$\tag{2.13}$$

通过对图像和图 2.12 所示的掩模做卷积操作，该表达式可以在所有的点（x，y）处实现。

0	1	0
1	-4	1
0	1	0

图 2.12   拉普拉斯掩模一

二阶导数的另一种定义是考虑对角线元素，然后使用图 2.13 所示的掩模来实现。

1	1	1
1	-8	1
1	1	1

图 2.13   拉普拉斯掩模二

使用拉普拉斯增强图像的基本公式为：

$$g(x, y) = f(x, y) + c[\nabla^2 f(x, y)] \tag{2.14}$$

其中 $f(x, y)$ 为输入图像，$g(x, y)$ 为增强之后的图像，若掩模的中心系数为正，则 c 为 1，否则 c 为 -1。由于拉普拉斯算子是微分操作，所以它会使图像锐化，进而增强图像质量。图 2.9（c）为掌纹图像增强后的效果图。

2.3.3   特征提取

由于原始图像所获得的数据量是相当大的，一个掌纹图像有成千上万数据属性，这些数据不仅在存储中要占用大量的空间，而且在对掌纹进行分类运算时也要消耗相当多的时间。为了有效地节约空间和时间，实现有效分类识别，需要对原始掌纹数据进行处理，得到最能反映分类本质的特征，即进行特征提取。在模式识别系统中，特征提取介于图像预处理和分类匹配之间，是影响系统性能的关键部分。特征提取算法的好坏很大程度上决定了系统识别率和效率的高低，因此对于掌纹识别系统而言，其作用是极其重要的。为了尽可能多地获取样本信息，这里提取的特征包括手掌几何特征和纹理特征两部分。

1. 手掌几何特征获取。

如图 2.9（a）所示。

（1）计算小指、无名指、中指、食指的长度，即 T_1F_1、T_2F_2、T_3F_3、T_4F_4 四条线段的长度。

（2）计算小指、无名指、中指、食指的宽度，即 P_1P_2、P_2P_3、P_3P_4、P_4P_5 四条线段的长度。

（3）计算手掌宽度 F_1F_5 的长度。

2. 手掌纹理特征获取。

掌纹采样时的一些定位措施虽然可以预防图像的变形，但是由于人为或者其他的因素，图像仍然存在平移或旋转等变形。通常在计算掌纹特征前还要进行定位工作，对掌纹图像进行校正，但这并不能保证完全消除这些变形。M. K. Hu 首先于 1962 年提出了连续函数矩的定义，并用于图像描述，给出了具有平移、尺度和旋转不变性的 7 个不变矩的表达式。Teague 引入了基于正交多项式的 Zernike 矩。由于 Zernike 矩是正交矩，可以大大降低特征的维数。

在计算一张图像的 Zernike 矩时，应将图像的中心作为原点，并将所有的像素点映射到单位圆内，圆外的点不做计算。由于 Zernike 矩具有旋转不变性，因此可以把 Zernike 矩作为不变性特征来提取。在 Zernike 矩中，阶次较低的，代表了图像的低频特征，阶次较高的，代表了图像的高频特征，提取特征时直接使用灰度图像，而不对掌纹图像进行二值化和细化。矩的个数越多，对掌纹的刻画越细。由于高阶矩对噪声敏感，而且随着矩阶的增大计算量增长非常迅速，所以只提取前 8 阶矩。

2.3.4　识别模型构建

SOM 是一种竞争式学习网络，在学习中能无监督地进行学习。输出层的类神经元彼此竞争，以争取学习的机会。SOM 的优点是不需要知道类别的先验知识，根据具体的训练样本便可以完成学习训练，与识别问题的背景没有关联。另外，SOM 对大量样本的聚类能力较强，可以将样本有效地分成若干类别，但是对单个样本的精细识别效果就不那么令人满意了。此外，SOM 的初始结构很难预先确定，原因在于 SOM 是根据训练样本集在特征空间的分布特性进行无监督聚类的，只有当其输出节点数与训练样本在特征空间中的分布相符合时，网络的性能才能达到最佳，网络的结构直接影响网络学习训练的结果。

BP 是典型的监督式学习网络，通过期望输出与实际输出的差值来修改连接权和阈值，使误差信号达到最小。BP 的突出优点是具有很强的非线性映射能力和柔性的网络结构。网络的中间层数、各层的处理单元数以及网络学习的参量（学习率、学习次数、个体及全局误差）可以根据具体情况任意设定。但是 BP 同样存在着一些问题，尤其是收敛速度较慢。对于一些复杂问题，BP 算法可能要进行几个小时甚至更长时间的训练，特别是大样本的识别任务，这对 BP 无疑是一个挑战。

在科学地分析 SOM 和 BP 各自优缺点的基础上，可以构建 SOM 和 BP 的复合网络模型，如图 2.14 所示，系统分成训练阶段和识别阶段。

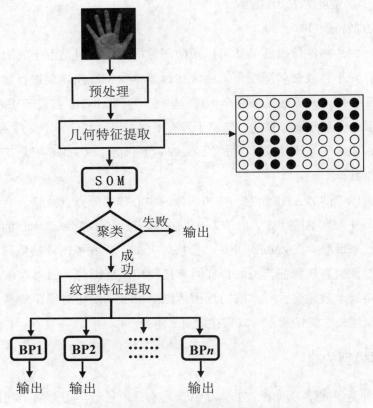

图 2.14　本文提出的掌纹识别流程图

在训练阶段，首先对所有训练样本进行预处理，并提取几何特征，这里包括食指、中指、无名指、小指的长度和食指、中指、无名指、小指的宽度以及手掌宽度。然后将 M 个手掌的 K 张图像的几何特征送到 SOM 进行聚类。假设聚成 N 类（$N \leqslant M$），然后对应每一类设置一个 BP，再将对应类别的掌纹图像的纹理特征送入 BP 进行训练。

在识别阶段，对于一个检测样本，首先将几何特征向量送入 SOM 中进行初步识别，如果样本没有被分到某个获胜神经元邻域则样本被拒绝，退出识别系统。否则提取掌纹的纹理特征，并根据相应类别启动对应的 BP，进行精细级别识别，最终输出结果。

2.4　实验设计与结果

利用复合神经网络进行掌纹识别，其流程主要包括掌纹图像预处理、几何特征和纹理特征提取，使用 SOM 进行粗级别识别以及使用 BP 进行精细级别识别。

2.4.1　实验数据

实验采用自采集的掌纹图像数据库进行测试实验。该图像库中包含的 1000 张掌纹图片，分别采自 18~30 岁之间、不同性别的 100 名实验参与者的右手，每只右手有 10 张 RGB 图像。这些图像分两次获取，中间间隔 3 个月，每次采集 5 张图像；图像大小为 500px×500px，分辨率为 300dpi。图 2.15 显示了掌纹数据库中部分掌纹图像。

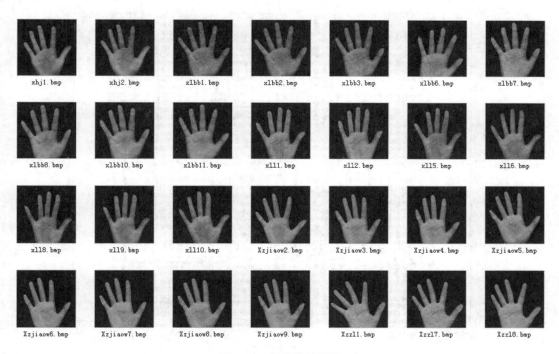

图 2.15　部分掌纹图像

2.4.2　实验设计

掌纹识别分为两个阶段，即训练阶段和识别阶段。在训练阶段，首先将所有训练样本的几何特征送入 SOM 进行聚类。图 2.16 为 SOM 的竞争层，根据分类情况将胜出神经元进行区域划分，每一个封闭区域为一类，每一类中包括若干个用户，而且对于每个用户的所有训练样本，要求在同一封闭区域胜出。根据区域个数我们设置相应的 BP，一个区域对应一个 BP，并将一个区域内所有用户的训练样本的纹理特征送入对应 BP 中进行训练。训练完成后就进入识别阶段。在识别阶段，对于一个输入样本，同样经过关键点定位、特征提取等步骤，并将提取的几何特征送入 SOM 进行初步识别。如果没有在任何一个封闭区域胜出，则视为非法用户并拒绝接收。否则进入精细级别识别，将纹理特征送入相应的 BP 中进行识别，并最终输出结果。定义正确聚类率 CCR（Correct Cluster Rate）和正确识别率 CRR（Correct Recognition Rate）两个衡量系统性能优劣的指标：

$$\text{CCR} = S_{CC}/S_{ALL}, \quad \text{CRR} = S_{RC}/S_{ALL} \qquad (2.15)$$

其中，S_{CC} 表示正确分类的样本数，S_{RC} 表示正确识别的样本数，S_{ALL} 表示样本总数，CCR 衡量 SOM 的聚类性能，CRR 反映整个系统的准确程度。

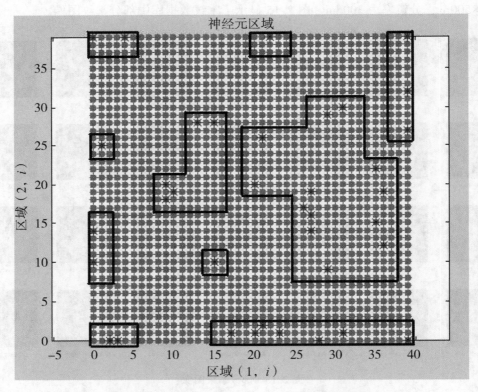

图 2.16　SOM 竞争层为 [40px×40px] 时的输出和分类

在 SOM 的参数选择上，进行了大量的实验，特别在竞争层结构设置上做了充分的对比实验，表 2.1 反映了竞争层选取的情况。经过不同参数组合的大量实验，根据 CCR 将竞争层的大小确定为 [40px×40px]。

表 2.1　SOM 网络竞争层的选取

竞争层结构	训练时间（s）	测试时间（s）	步数	CCR（%）
[10 10]	426. 375	0.0197	1000	86
[15 15]	567. 1563	0.0215	1000	91. 2
[20 20]	1076. 0	0.0339	1000	93. 5
[25 25]	2051. 4	0.0528	1000	94. 7
[30 30]	3838. 9	0.1521	1000	95. 2
[40 40]	11171	0.2253	1000	97. 5
[50 50]	26539	0.3253	1000	96. 8

　　实验中 BP 实验采用三层结构，第一层为输入层，第二层为隐藏层，第三层为输出层。神经元的传递函数是 S 型函数，所以输出可能永远不可能达到 0 或 1，可能会导致算法不收敛，因此采用近似值小于等于 0.1 代表 0，大于等于 0.9 代表 1。为了提高网络的识别精度，这里将训练步长设为 0.015，动量系数设为 0.5，权值和阈值的学习算法采用梯度下降学习法。图 2.17 显示一个 BP 的训练误差曲线。

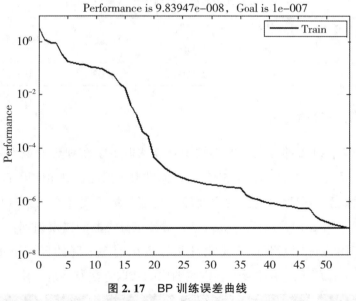

图 2.17　BP 训练误差曲线

　　实验从数据库中随机选出 40 个用户，每个用户 10 张共 400 张图像作为实验数据，其中 20 个用户作为合法用户，要求系统能够接收，另外 20 个作为非法用户，要求系统拒绝。在 20 个合法用户的 200 张图像中，我们随机选出每个合法用户的 5 张共 100 张图像作为训练数据，另外 100 张合法用户图像和 200 张非法用户图像作为检测数据。系统分类器训练的正确聚类率（CCR）可以达到 97.5% 以上，测试的正确识别率（CRR）达到 96%，如图 2.18 所示。

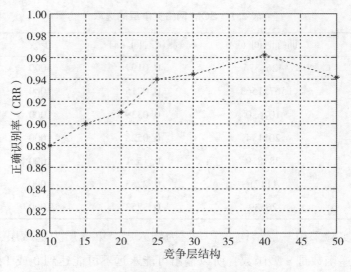

图 2.18　系统正确识别率

　　总体来说，粗细级别识别模块的顺序执行，形成了逐级匹配识别。在身份识别的不同阶段的执行时间见表 2.2。

表 2.2　系统各阶段执行时间表（单位：m）

预处理	有效区域定位	几何特征提取	纹理特征提取	SOM 训练	BP 训练	系统识别
0.5920	0.0320	0.1021	0.1290	31.03	0.6	0.2411

2.4.3　实验结果分析

　　实验结果说明，基于神经网络的掌纹识别算法取得了较理想的识别效果，正确识别率能达到 96%，系统识别时间为 14.5 s。测试的结果虽然能够满足实际工作需求，但仍有部分样本被错误识别，实验总结发现主要原因是部分掌纹图像在采集过程中由于过度压迫产生压迫纹理［图 2.19（a_1）～（a_4）］，导致了分类器的错误识别；其次，在掌纹获取过程中，由于用户过度紧张而手掌出汗是导致识别率下降的另一个重要原因，如图 2.19（b_1）～（b_4）所示。由此看来，掌纹图像的获取方法有待进一步完善。

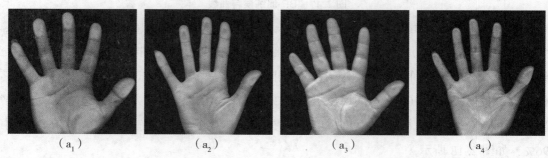

　（a_1）　　　　　　　（a_2）　　　　　　　（a_3）　　　　　　　（a_4）

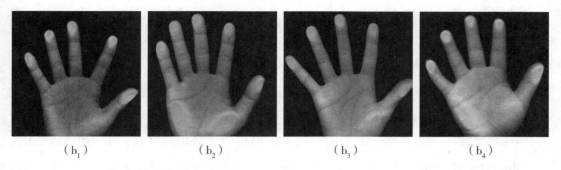

（b₁）　　　　　　（b₂）　　　　　　（b₃）　　　　　　（b₄）

图 2.19　图像库中质量较差掌纹 [（a₁）～（a₄）受压迫掌纹；（b₁）～（b₄）出汗掌纹]

2.5　本章小结

　　本章主要介绍了基于神经网络的生物特征识别算法。首先对神经网络的概念、特点、类型及学习方式进行了介绍，使读者能够对神经网络的基础知识有所了解。在介绍神经网络过程中，重点对常用的 RBFN、SOM 和 BP 进行了详细的阐述，明确了其设计思想及网络学习方式，给出了不同网络的结构示意图。最后介绍了基于神经网络的掌纹识别算法，同时对掌纹图像识别的关键技术进行了系统的分析。首先，在有效区域定位方面介绍了基于距离的定位方法简单有效，并且克服了图像的平移和旋转问题；在特征提取方面不仅提取了手掌的几何特征，而且还采用 Zernike 矩算法提取了手掌的纹理特征。其次，介绍了针对不同的特征通过由粗到细的逐级识别过程实现了掌纹分层次识别，具体方法是首先用 SOM 对样本的几何特征进行聚类，然后应用 BP 对纹理特征进行精细级别识别。最后，在实验仿真过程中不断结合实验结果，调整算法思路，对关键点检测、有效区域定位、掌纹增强算法、神经网络参数调整等模块进行不断的改进、比较和实验，对算法的有效性进行验证。

　　基于神经网络的生物特征识别技术是一项具有重要理论价值和应用前景的研究课题。基于神经网络的生物特征识别算法虽然取得了较高的识别率，但在多个方面还需进一步研究和完善，主要包括网络训练的效率，针对大规模复杂数据的处理能力及数据采集过程中的诸多影响因素。

参考文献

[1] 张心宇，刘源，宋佳凝. 基于 LSTM 神经网络的短期轨道预报 [J]. 系统工程与电子技术. 2022, 44（3）：939-947.

[2] 袁冠，邴睿，刘肖，等. 基于时空图神经网络的手势识别 [J]. 电子学报. 2022, 50（4）：921-931.

[3] 孙少杰，吴门新，庄立伟，等. 基于 CNN 卷积神经网络和 BP 神经网络的冬小麦县级产量预测 [J]. 农业工程学报. 2022, 38（11）：151-160.

[4] 杨妍，刘云鹏，韩江涛，等. 软体机械臂的建模与神经网络控制 [J]. 工程科学学报. 2022, 45（3）：454-464.

[5] 于海，邓钧君，王震坡，等. 基于卷积神经网络的逆变器故障诊断方法 [J]. 汽车工程. 2022, 44（1）：142-151.

[6] 吴岸城. 神经网络与深度学习 [M]. 北京：电子工业出版社, 2016.

[7] 彭敬淇. 磁悬浮直线同步电动车 RBF-PID 控制的研究 [D]. 沈阳：沈阳工业大学. 2022.

[8] 陆潇晓，刘晓珂，李虎涛，等. RBF 神经网络在静电悬浮位置控制中的应用 [J]. 空间科学学报. 2022, 42（5）：952-960.

[9] 李寒，陶涵虓，崔立昊，等. 基于 SOM-K-means 算法的番茄果实识别与定位方法 [J]. 农业机械学报. 2021, 52（1）：23-29.

[10] 李欣萌. 基于 SOM 的立体匹配算法研究 [D]. 吉林：东北电力大学. 2020.

[11] 赵梦娜. 基于 SVM 和 BP 神经网络的量化策略研究 [D]. 大连：大连理工大学. 2021.

[12] Xu Ying, Wang Kun, Jiang Changhui. Motion-Constrained GNNSS/INS Integrated Navigation Method Based on BP Neural Network [J]. Remote Sensing, 2022, 15（1）：154-156.

[13] R. Bautista, J. R. Buck. Detecting Gaussian signals using coprime sensor arrays in spatially correlated Gaussian noise [J]. IEEE Transactions on Signal Processing, 2019, 67（5）：1296-1306.

[14] 唐阳山，徐忠帅，黄贤丞，等. 基于 Roberts 算子的车道线图像的边缘检测研究 [J]. 辽宁工业大学学报（自然科学版），2017, 37（06）：383-386+390.

[15] 代临风，邓洪敏. 基于改进 Sobel 算子的实时边缘检测及其 FPGA 实现 [J]. 电子

世界，2018，72（22）：118-120.

［16］安建尧，李金新，孙双平. 基于 Prewitt 算子的红外图像边缘检测改进算法［J］.

杭州电子科技大学学报（自然科学版），2018，38（05）：18-23+39.

［17］R. Mitharwal. Andriulli. On the multiplicative regularization of graph laplacians on

closed and open structures with applications to spectral partitioning［J］. IEEE Access，

2014，3（02）：788-796.

第三章　基于稀疏表示和非负矩阵分解的生物特征识别算法

3.1　引言

　　生物特征数据的表示是生物认证方法研究的基础问题，生物特征数据的有效表示是对生物特征数据进一步处理和应用的基础。生物特征数据的有效表示是指用少量的数据来表达样本的重要信息，也就是用于表达样本数据的信息越稀疏越好。近年来，生物特征的稀疏表示研究已经成为生物特征识别领域的热点问题。通过稀疏逼近表示原始特征数据可以从根本上降低数据处理的成本，进而提高数据信息处理的效率。对于数据稀疏表示的概念是在 20 世纪中期由 Hubei 和 Wiesel 提出的[1]，他们在实验中发现哺乳动物大脑皮质的部分区域细胞对感受信息的记录方式是一种稀疏的记录，即对信息进行稀疏表示。依据 Hubei 和 Wiesel 的发现，1987 年 Field 提出了将稀疏表示应用到视网膜成像的研究中，将图像信息通过稀疏编码的形式进行表示[2]。20 世纪末科研人员开发了 LASSO 算法[3]，该算法提出通过范数来求解稀疏表示模型的具体计算方法，这也开辟了新的稀疏表示模型求解的新思路。随着稀疏表示求解算法的不断优化，稀疏表示算法被广泛应用于图像处理领域，特别是在生物认证领域大量的基于稀疏表示的算法被提出。

　　Aharon 等基于对 K-means 聚类算法的深入研究设计了 K-SVD 算法，该算法构建了在稀疏性约束的前提下，使每个样本能够被准确表达为自适应字典，通过自适应字典的构建完成数据样本的稀疏表示[4]。Dong 等从稀疏编码的表示系数展开研究，利用图像的非局部相似度抑制稀疏编码噪声，构建非局部集中稀疏表示模型，利用构建的模型实现稀疏表示系数的估计，该方法在重构局部图像平滑区域和纹理区域信息上取得了较好的重构效果[5]。由于单一字典构建过程中往往不能全面地考虑图像的形状、梯度、纹理等信息，在图像重构过程中往往还存在片面性。因此，基于多字典的图像系数表示算法被提出。倪一宁等通过聚类的方法将具有空间关系的字典原子分为一组，基于不同的空间关系构建具有块结构的字典，其重构数据的准确度有了大幅度的提高[6]。赵雅等提出低秩判别字典更新算法，通过拉普拉斯正则化和低秩条件进行约束，在很大程度上提高了字典的完备性[7]。利润霖在图像重构过程中利用判别字典学习算法，在模型构建阶段引入判别重构误差项，基于该算法构建的字典有效提高了算法的计算效率和准确度[8]。此外，基于非负矩阵分解的表示方法在图像识别领域也有着广泛的应用。蔡蕾等就提出了基于稀疏性非负矩阵分解图像识别算法[9]，稀疏性非负矩阵分解在对图像有效压缩的同时保留图像的隐含特征，从而降低算法的复杂度，有效提高后续算法的识别准确度。黄勇设计并提出了基于二维非负矩阵因子的图像识别算法，该算法充分挖掘了图像矩阵中行列向量信息，保留了图像的原始基本信息[10]。方蔚涛等利用二维投影非负矩阵分解算法实现了人脸识别，该算法在保存人脸局部结构信息的前提下，仅计算投影矩阵，这大大降低了算法的复杂度，提高了算法的计算效率[11]。

　　稀疏表示和非负矩阵分解具有天然的稀疏性，是一种高效的数据降维算法，在生物特征识别研究领域有着广泛的应用。这些算法可以充分挖掘图像数据中的结构和特征信息，在保障数据原始特征信息的基础上，实现高维数据图像的降维处理，提高了生物特征识别算法的计算效率和识别精度。

3.2　稀疏表示算法简介

3.2.1　稀疏表示的概念

　　稀疏表示理论是近20年来图像处理领域备受关注的研究课题，每年发表的众多科研论文也表明该研究正在快速发展。稀疏表示的目标是通过构建的字典中少量的字典原子来表示数据信息，从而对原始数据实现更为简单的表达。该过程使得数据特征信息能够更容易地被获取，提高后续数据处理的效率。目前，关于稀疏表示的相关研究主要集中于模型的构建、算法的稳定性、模型的求解、字典的构建与更新。稀疏表示的应用范围非常广泛，主要集中于图像的增强、生物特征识别、语音处理、目标跟踪、压缩感知、信息隐藏等领域。稀疏表示在生物特征识别中的应用多表现在人脸识别图像的重构，在人脸识别领域取得了较好的识别效果。

　　稀疏表示是一种基于重构思想的数据表达方式。稀疏表示的目的是寻找一组能够表示数据内容的基向量，并通过选取尽可能少的基向量来重构给定数据，同时使得重构误差非常小。稀疏表示是通过建立完备的字典，将所有数据表示为少量的几个字典原子的线性组合和误差的形式。基本模型公式为：

$$y = Dx + \hat{\alpha} \tag{3.1}$$

其中，y 为原始数据，D 为字典，x 为原始数据在字典 D 上的表示系数，$\hat{a}$ 为误差。稀疏表示的功能就是通过字典 D 实现对原始数据 y 的重构，使误差最小。具体表示方式如公式（3.2）所示：

$$y=Dx \qquad s.\ t.\quad \min \| \hat{a} \|_0 \tag{3.2}$$

近年来，基于 L2 范数的稀疏表示算法被提出，该算法是一类比较高效的计算方法，在使用过程中计算代价相对较低。在基于 L2 范数的稀疏表示算法中，称用于分解信号的元素为原子，假设 $y \in R^M$ 为一个图像块的向量表示，$D \in R^{M \times L}$ 为字典，L 为字典中的原子个数，稀疏表示过程可以描述为：

$$\hat{a} = \arg \min_{\alpha} \| y-D\alpha \|_2^2 \quad s.\ t.\quad \| \alpha \|_0 \leqslant S \tag{3.3}$$

其中，$\| \cdot \|_2$ 为 L2 范数，$\| \cdot \|_0$ 为 L0 范数，S 为稀疏度，α 为稀疏系数，$\| \alpha \|_0$ 代表 α 中非零元素的数量。

在稀疏表示理论中 $D \in R^{M \times L}$ 为稀疏表示的字典矩阵，矩阵中每一行为一个基本原子。若 $L<M$，则称 D 为欠完备字典；若 $L=M$，则称 D 为完备字典；若 $L \gg M$，则称 D 为超完备字典。稀疏表示字典中的常用字典基有离散余弦基、傅立叶基及小波基等。另外，还有一些特殊领域的自建字典基。由于字典中的原子数量要明显大于需要重构的信号的数量，且字典中的原子都是线性无关的，因此，其求解问题被认为是非确定性多项式求解问题，图 3.1 为稀疏表示原理图。

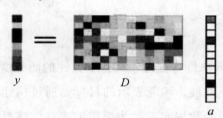

图 3.1　稀疏表示原理图

3.2.2　字典学习算法

稀疏表示的最终目标是降低原始数据的重构误差，提高数据分类的精度。为了实现这一目标，仅仅在编码搜索算法上进行优化是远远不够的，就降低重构误差而言，完备的字典和字典学习算法是关键因素。目前，字典学习算法主要分为有监督的字典学习算法和无监督的字典学习算法。具有代表性的有监督字典学习算法有 LC-KSVD 算法[12] 和考虑类别信息的字典学习算法[13]，无监督字典学习算法有 MOD 算法[14] 和 K-SVD 算法[15]。

1. MOD 算法。

MOD 算法是 Engan 在 20 世纪 90 年代提出的经典优化算法，该算法属于整体字典学习算法。MOD 算法是在建立初始字典的基础上，对整个字典进行寻优，找到所有训练样本数据的稀疏表示矩阵，通过该矩阵重构的样本数据与原始数据误差最小，其目标函数如公式（3.4）和公式（3.5）所示：

$$\arg\min \parallel Y{-}DX \parallel_2^2 \quad s.\ t.\quad \forall i,\ \parallel x_i \parallel_0 \leqslant S \tag{3.4}$$

或者

$$J = \arg\min \parallel Y{-}DX \parallel_2^2 {+} \lambda \parallel X \parallel_0 \leqslant S \tag{3.5}$$

这里 Y 为训练样本集，D 为字典，X 为对应训练样本集的重构系数矩阵，x_i 为训练样本集中第 i 个样本的重构系数编码，λ 为正则项系数，S 为阈值参数。

MOD 算法的求解过程是一个迭代的过程，整个求解由两步构成，首先是求重构系数矩阵，对于单个样本来说就是求重构系数编码，这个阶段字典是固定不变的，不断优化样本的重构系数，直到满足阈值或迭代次数。接下来是字典更新的步骤，此时保持重构系数矩阵不变，不断更新满足重构条件的字典，直到找到当前重构系数矩阵下的最优字典。基于字典学习的这两步可以进行交替式迭代更新，直到构建完备字典。在字典求解阶段通常使用二次规划的方法进行优化字典，一般通过公式（3.6）来完成，公式（3.6）是基于公式（3.4）求导所得的，具体计算公式如下：

$$D = YX^T (XX^T)^{-1} \tag{3.6}$$

MOD 算法在字典优化阶段使用了逆矩阵的方法求解，逆矩阵的计算是相对复杂的，计算量会很大。在高维数据下如此大的计算量必然会影响算法的整体性能。因此，基于 MOD 算法的改进算法逐渐出现，这些改进算法在一定程度上提高了原始 MOD 算法的计算性能。

2. K-SVD 算法。

K-SVD 算法是 Aharon 等在 21 世纪初提出的字典学习算法。它不同于 MOD 算法的整体字典更新，K-SVD 算法的思想是在满足矩阵稀疏度的前提下，对字典原子进行单个更新，最终实现整体字典的更新。K-SVD 算法的思想其实是一个贪婪算法的思想，努力优化每个构成字典的字典原子使其都达到最优的形式。也就是通过局部的字典原子实现全局的整体字典最优，在整体字典中发挥每一个原子的作用来降低原始数据的重构误差。

K-SVD 算法在字典学习过程中针对求解字典的更新是固定重构系数矩阵 X 和字典 D，对字典 D 中的原子进行一个一个地更新，其公式表示如下：

$$\parallel Y - DX \parallel_2^2 = \left\parallel Y - \sum_{j=1}^{K} \alpha_j x_T^j \right\parallel_2^2 = \left\parallel (Y - \sum_{j \neq k} \alpha_j x_T^j) - \alpha_k x_T^j \right\parallel_2^2 = \left\parallel E_k - \alpha_k x_T^j \right\parallel_2^2 \tag{3.7}$$

这里 K 为整个字典中的字典原子数量，k 为当前屏蔽的原子的索引；E_k 为当前屏蔽

第 k 个原子后的误差，其作用是计算第 k 个原子在整体重构误差中的贡献值。由公式（3.7）可以发现，最小化 $\|E_k - \alpha_k x_T\|_2^2$ 就可以实现整体的重构误差的最小化。通过优化 α_k 和 x_T^i 两个参数，确保其乘积与 E_k 的差值最小，就可以实现字典原子和重构系数的最优。为了既实现 E_k 与 $\alpha_k x_T^i$ 的差值最小，又保证权值参数的稀疏性，这里对 E_k 进行简单的处理，当字典原子 α_k 对字典的稀疏性没有大的影响时，假定 α_k 固定，对当前 E_k 保留 α_k 和 x_T^k 乘积位置非零元素的数据，其他位置元素全部用零代替。然后用新的 E_k^R 替换原来的 E_k 值。最后再对 E_k^R 进行 SVD 分解。

在 K-SVD 算法中按照上述方法进行字典更新，然后再交替更新重构稀疏矩阵，经过循环迭代最终找到最完备字典。通过 K-SVD 算法求解的过程可以看出，该算法是针对每个字典原子寻找的局部最优解，不能保证整体字典的全局最优。但是该方法的计算效率较高，在字典学习过程中的效果较好，因此也被广泛使用。

3. LC-KSVD 算法。

LC-KSVD 算法是在 K-SVD 算法的基础上，由 Jiang 等在 2013 年提出的改进的 K-SVD 算法。LC-KSVD 算法在字典学习过程中加入了类别信息的约束，这也使得通过 LC-KSVD 算法学习到的字典更有利于样本数据的分类。严格意义上说，LC-KSVD 算法是一种有监督的字典学习算法。LC-KSVD 算法与 K-SVD 算法的差异就在于目标函数中加入类别信息进行约束其重构系数矩阵和字典的构建，使得构建的字典和重构系数矩阵包含类别特征信息。LC-KSVD 算法中求解字典的最小化误差函数如公式（3.8）所示。

$$\langle D, A, X \rangle = \arg\min_{D,A,X} \| Y - DX \|_2^2 + \alpha \| Q - AX \|_2^2 \quad s.\ t.\ \forall i,\ \| x_i \|_0 \leq T \qquad (3.8)$$

公式（3.8）中 $\arg\min\limits_{D,A,X} \| Y - DX \|_2^2$ 为样本数据的重构误差，$\alpha \| Q - AX \|_2^2$ 为类别信息误差。将类别信息误差融入目标函数中，使得在数据重构过程中相似类别的重构稀疏矩阵具有一定的相似性，这也更符合真实数据的情况。目标函数 α 是用于控制数据重构误差与类别重构误差项的权重系数，Q 是根据样本数据的类别信息构建的类别信息矩阵。LC-KSVD 字典学习算法在保障字典构建稀疏性前提下还融入了有利于分类的特征信息，这也使得该算法在分类识别过程中取得了更好的效果。

字典是稀疏表示理论的基础，字典学习算法是获得超完备字典的有效途径，因此在稀疏表示理论发展的过程中字典学习算法是一个重要的工具。字典学习算法在近几年得到了快速发展，一些适合于不同应用领域的字典学习算法不断涌现出来。不同的字典学习算法会获得不同特性的字典，在保障其稀疏性的前提下还应该关注其准确性和计算效率。

3.2.3　稀疏表示模型的求解

稀疏表示的求解过程就是在重构误差最小的情况下，用最少的字典原子去表示求解信号。由于 L0 范数是非凸的，在超完备字典下稀疏表示的求解问题就成了一个 NP-hard 问题。目前，最常用的稀疏分解算法主要有松弛优化算法、贪婪追踪算法和组合优化算法。松弛优化算法的核心思想就是用更容易求解的函数来替代稀疏表示的度量函数。目前松弛优化算法主要包括基追踪算法（Basis Pursuit，BP）、FOCUSS 算法、迭代搜索算法、交替投影算法等。贪婪追踪算法是目前使用最为广泛的稀疏求解算法之一，该算法的思想是在算法迭代的过程中，利用不同的字典原子不断表示求解信号，最终选择一组重构误差最小的原子组合，其代表性算法有匹配追踪算法（Matching Pursuit，MP）、正交匹配追踪算法（Orthogonal Matching Pursuit，OMP）及分段匹配追踪算法等。组合优化算法大多采用现有的智能优化算法直接对问题进行求解，主要使用的智能优化算法有模拟退火算法、蚁群优化算法、遗传迭代算法、粒子群算法等。但是这些逼近算法的求解效率相对较低，后来研究人员用 L1 范数替换了 L0 范数，这样就可以通过迭代的方式进行求解。

随着科研工作者的不断努力，稀疏表示理论得到快速发展，人们提出了很多字典学习算法。Zhang 等利用监督的思想将字典学习和分类器参数统一到一个目标函数中，使得该方法可以同时学习具有重构能力和判别能力的字典与分类器参数。该方法的目标函数如下：

$$\langle D, W, \alpha \rangle = \underset{D, W, \alpha}{\arg\min} \| Y - Da \|_2^2 + \gamma \| H - W\alpha \|_2 + \beta \| W \|_2 \quad s.t. \quad \| \alpha \|_0 \leqslant T \quad (3.9)$$

其中，Y 为训练数据，H 为类别标签，D 为稀疏表示字典，α 为稀疏表示系数，W 表示分类器参数。该方法不足之处是所有判别信息均包含在稀疏编码系数中，即稀疏编码系数的判别性决定了该方法的性能，同时，该方法仅仅通过约束分类误差最小化来增加字典的判别性，并不是直接对字典的判别性进行增强。Mairal 等利用经典的软最大值函数作为判别代价函数来约束字典学习过程。该方法通过增加重构误差的判别能力来增加字典的判别能力，即一个具有很好判别能力的字典应该是每类字典对与自己同类样本数据的重构误差比较小，而对其他类样本数据的重构误差较大。其目标函数如下：

$$\min_{\{D\}_{j=1}^N} \sum_{\substack{i=1, \cdots, N \\ l \in S_i}} C_i^\lambda(\{ R^*(x_l, D_j) \}_{j=1}^N) + \lambda \gamma R^*(x_i, D_i) \quad (3.10)$$

公式（3.10）中，x_l 表示样本数据，D_j 表示第 j 类字典，S_i 为第 i 类样本的数据索引，$R^*(x, D) = \| x - Da \|_2^2$ 为重构误差项，C_i^λ 为软最大值函数（softmax function），定义如下：

$$C_i^\lambda(y_1, y_2, \cdots, y_N) = \log(\sum_{j=1}^N e^{-\lambda(y_j - y_i)}) \tag{3.11}$$

该方法在纹理划分和场景内容分析中取得了较好的效果。不足之处在于该方法仅仅要求重构误差具有判别信息，稀疏表示和字典优化的不是一个目标函数，需要选择合适的参数组合来平衡。

Yang 等提出了一种判别稀疏表示算法，该算法将 Fisher 判别准则作为约束项与稀疏表示算法相结合，确保了训练结果的类间差异较大，类内差异较小。其目标函数如公式（3.12）所示：

$$J(D, X) = \arg\min \left\{ \begin{array}{l} \sum_{i=1}^c r(A_i, D, X_i) + \lambda_1 \|X\|_1 + \\ \lambda_2 \{tr[S_W(X) - S_B(X)] + \eta \|X\|_F^2\} \end{array} \right\} \tag{3.12}$$

其中，A_i 为第 i 类样本，D 为字典，S_W 为稀疏表示的类内散度矩阵，S_B 为稀疏表示的类间散度矩阵。$r(\cdot)$ 为重构误差项，其定义如下：

$$\sum_{i=1}^c r(A_i, D, X_i) = \|A_i - DX_i\|_F^2 + \|A_i - D_i X_i^i\|_F^2 + \sum_{j=1, j\neq i}^c \|D_j X_i^j\|_F^2 \tag{3.13}$$

其中，第一项 $\|A_i - DX_i\|_F^2$ 表示用整体字典重构第 i 类数据的重构误差，第二项 $\|A_i - D_i X_i^i\|_F^2$ 则描述了仅仅使用第 i 类字典来重构本类别数据的重构误差，第三项 $\sum_{j=1, j\neq i}^c \|D_j X_i^j\|_F^2$ 则是除了第 i 类字典以外其他类别字典对第 i 类数据的重构误差。理想的字典应该能使这三项的值都达到最小。

稀疏表示模型的求解问题是稀释表示算法得以应用的基础，其目标函数的复杂度直接影响着算法的效率。其求解的准确性直接反映了算法的精度。稀疏表示模型的求解也是基于稀疏表示的生物认证算法的核心内容之一。随着科研工作者的不断努力，越来越多的求解算法被提出，但也存在各种问题。单一的求解算法无法解决各个领域的实际问题，因此还需要针对各应用领域开发适合该领域实际使用的算法。

3.2.4 非负矩阵分解

非负矩阵分解（Nonnegative Matrix Factorization，NMF）算法作为一种数据约简的有效算法，因其非负约束、稀疏的局部表达和良好的可解释性被广泛应用于信号追踪、文本聚类、图像识别和信息检索等特征提取相关领域。1999 年，非负矩阵分解算法由 Lee 在 *nature* 杂志上首次提出[16]。算法原理是对于原始数据矩阵 X 进行分解，寻找适当矩阵 A 与 S，使之乘积近似等于原始矩阵 X。由于对 A 与 S 的非负限制，原始矩阵 X 的列向量可近似地看成矩阵 A 列向量的加权和，S 矩阵的元素近似地看成权重系数，则系数矩阵 S

可以实现对原始矩阵的降维，故矩阵 A 为原始数据矩阵的局部特征。而后诸多学者将其进行了改进并应用于特征提取与分类识别领域。

1. NMF 算法。

利用非负矩阵分解算法对数据矩阵 $X \in R^{n\times m}$ 分解得到非负矩阵 $A \in R^{n\times r}$ 和非负矩阵 $S \in R^{r\times m}$，使得

$$X \approx AS \tag{3.14}$$

设 x_i 为矩阵 X 的第 i 列，s_i 为矩阵 H 的第 i 列，则

$$x_i \approx As_i \tag{3.15}$$

将 n 维的线性表示 x_i 依据基矩阵 A 进行分解，可得到一个 r 维的线性表示 s_i，r 为 n 维的特征降维后的维数，通常情况下，$r \ll n$。

一般采用欧氏距离衡量 AS 到 X 的逼近程度，目标函数如下：

$$Q_{nmf} = \min \| X-AS \|_2^2, \quad s.\ t.\ A \geq 0,\ S \geq 0 \tag{3.16}$$

$\|\cdot\|$ 表示 L2 范数。Lee 和 Seung 提出乘性迭代法则解决函数最优化问题，迭代更新规则如下：

$$A_{ij} \leftarrow A_{ij} \frac{(XS^T)_{ij}}{(ASS^T)_{ij}} \tag{3.17}$$

$$S_{ij} \leftarrow S_{ij} \frac{(A^TX)_{ij}}{(A^TAS)_{ij}} \tag{3.18}$$

NMF 算法因其非负约束使分解结果具有天然稀疏性和鲁棒性，符合人类视觉感知和局部代表整体的思想。

2. L21 范数非负矩阵分解算法。

Kong 等利用 L21 范数的行稀疏特性作为损失函数，提出基于 L21 范数的非负矩阵分解算法（L21-NMF）[17]，使分解结果具有更高的鲁棒性，更好地降低了噪声和离群点对优化问题的影响。目标函数如下：

$$Q_{L21-nmf} = \min \| X-AS \|_{2,1}, \quad s.\ t.\ A \geq 0,\ S \geq 0 \tag{3.19}$$

迭代更新规则如下：

$$A_{ij} \leftarrow A_{ij} \frac{(XDS^T)_{ij}}{(AXDS^T)_{ij}} \tag{3.20}$$

$$S_{ij} \leftarrow S_{ij} \frac{(A^TXD)_{ij}}{(A^TASD)_{ij}} \tag{3.21}$$

其中，D 是对角矩阵，对角元素为：

$$D_{ii} = \frac{1}{\sqrt{\sum_{j=1}^{p}(X-AS)_{ji}^2}} = \frac{1}{\|x_i - As_i\|} \tag{3.22}$$

基于 L21 范数非负矩阵分解算法有效解决了噪声和离群点影响，计算代价与传统 K-NMF 算法基本相同且应用领域更广泛。

3. 图正则化非负矩阵分解算法。

传统非负矩阵分解算法使数据点分布在欧式空间上，但缺少数据点间真实流形结构的表示。Cai 等提出图正则化非负矩阵分解（GNMF）算法，图正则化的基本思想是构造数据间邻接关系图，尽可能地刻画和保持由图模型反映的真实流形结构，也就是希望学习到的低维特征和高维样本的流形结构相似度更高。

设原始数据点构成的图为 G，W 为权矩阵，如下所示：

$$W_{ij} = \begin{cases} 1, & X_i \in P(X_j) \text{ 的近邻点} \\ 0, & \text{其他} \end{cases} \tag{3.23}$$

图正则项定义如下：

$$R = \sum_{i,j=1}^{n} \|s_i - s_j\|_2^2 W_{ij} = tr(SLS^T) \tag{3.24}$$

目标函数为：

$$O_{Gnmf} = \min \|X-AS\|_{2,1} + \lambda tr(SLS^T), \quad s.t. \quad A \geq 0, \ S \geq 0 \tag{3.25}$$

定义 $L = D - W$，其中 D 为对角矩阵，且 $D_{ii} = \sum_j W_{ij}$，L 为拉普拉斯矩阵。

迭代更新规则如下：

$$A_{ij} \leftarrow A_{ij} \frac{(XS^T)_{ij}}{(ASS^T)_{ij}} \tag{3.26}$$

$$S_{ij} \leftarrow S_{ij} \frac{(X^TA + \lambda WS)_{ij}}{(SA^TA + \lambda DS)_{ij}} \tag{3.27}$$

图正则化非负矩阵分解算法根据图谱理论和流形学习近似表示数据点间的真实流形结构，较好地还原低维特征和高维样本数据间的空间结构。

3.3 基于稀疏表示的人脸识别算法

3.3.1 算法流程框架

小波变换作为一种变换域多尺度信号分析处理方法，为各种图像和信号处理方法提供了一种统一的分析框架，凭借其多尺度特性、时频特性、低熵性等优点，在信号分析、图像边缘检测、图像增强等领域得到了广泛的应用[18]。

考虑到原始信号的低冗余性，计算机上的信号数据都是离散信息，二维离散小波更适合作为数字图像处理的工具。一张图像经过一次离散小波变换后，可分解成 4 个原图 1/4 大小的子图：水平方向上的低频和垂直方向上的高频分量（LH）保持了原图像的水平边缘信息；水平方向上的高频和垂直方向上的低频分量（HL）保持了原图像垂直边缘信息；水平和垂直方向上的高频分量（HH）保持了原图像的斜边缘细节信息；水平和垂直方向上的低频分量（LL）保持了原图像的低频分量，为原图像的近似平滑图像。如果继续分解，则对近似子带图像（LL）以完全相同的方式分解成在一级下的 4 个子图，依此类推分解（图 3.2）。

$$
\begin{array}{|c|c|c|}
\hline
LL_2 & HL_2 & \\
\cline{1-2}
LH_2 & HH_2 & \raisebox{1.5ex}{HL_1} \\
\hline
\multicolumn{2}{|c|}{LH_1} & HH_1 \\
\hline
\end{array}
$$

图 3.2　二级小波变换分解示意图

图 3.3 给出将一张人脸图像进行一级小波变换后的实际效果。从图 3.3（b）可以看出，近似子带图像（LL）保持了原图像的低频分量，为原人脸图像的近似平滑图像；因眼睛和嘴巴的水平特征比垂直特征明显，所以水平方向子带图像（LH）刻画了人像的表情特征；因人脸的轮廓和鼻子的垂直特征比较明显，垂直方向子带图像刻画了人像的姿势；中高频细节子带图像保持了人脸图像的斜边缘细节信息。

（a）原始图像　　　　　（b）小波变换图像

图 3.3　小波变换实例图

基于稀疏表示的人脸识别算法利用小波变换挖掘人脸图像空间域和频率域信息。对样本进行小波变换得到包含不同人脸特征的子带，进而构建多个字典，可以充分保留原始图像信息，并对人脸面部器官的特征加以利用。图正则化的引入充分保留了数据的空间几何结构信息，可有效地降低重构误差，保障算法在具有更高的识别性能的同时，还具有更高的鲁棒性和通用性。该算法可以分为多字典构建阶段和识别阶段。在多字典构建阶段主要是利用训练样本构建多字典，用系数矩阵将各个字典联系起来，采用迭代的方式对字典和系数矩阵进行更新；在识别阶段利用已经构建的字典计算测试样本的系数，并同训练样本进行匹配，利用匹配结果进行有效识别。算法流程如图 3.4 所示。

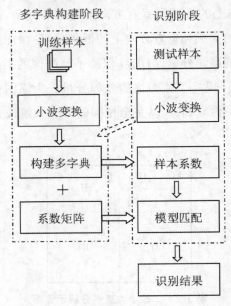

图 3.4　算法流程图

3.3.2　初始字典构建

构建相对完备的初始字典可以有效提高字典学习算法的收敛速度。传统方法在构建字典时，一般是将随机生成的两个矩阵，分别作为初始的字典矩阵和系数矩阵。这样虽然简便，但会影响算法收敛速度和字典的性能。因此，在初始字典构建过程中，分别提取每类人脸原始图像和纹理信息的主成分用于构建初始字典，在剔除数据冗余信息的同时使字典原子能更好地表达数据本质特征，以达到充分利用训练样本信息和提高字典构建效率的目的。

首先利用二维离散小波，提取训练样本的多尺度纹理特征作为训练样本的扩充，获得包括原始样本在内的共计 4 种训练样本图像（$Y1$、$Y2$、$Y3$ 和 $Y4$）。然后，利用主成分分析算法提取原始图像和子带图像的主成分，根据不同类别样本的平均图像及主成分构建字典。D_1 为依据原始训练样本构建的字典，$D_1 = [D_{1\_1}, D_{1\_2}, \cdots, D_{1\_p}] \in \Re^{n \times G}$，基于原始样本数据构建的字典 D_1 中共包含 G 个字典原子。$D_{1\_p} = [d_{1\_p\_1}, d_{1\_p\_2}, \cdots, d_{1\_p\_g}] \in \Re^{n \times g}$ 表示根据原始训练样本内第 p 类样本所构建的字典块，$d_{1\_p\_g}$ 为第 p 类样本的平均图像，其他均为第 p 类样本的主成分，且有 $G = p \times g$。基于上述方法 D_2、D_3、D_4分别为根据训练样本 HL、LH 及 HH 子带图像所构建的初始字典。

50

算法中使用相同的系数作为各样本在字典空间下的系数映射。为深入挖掘人脸图像和多尺度纹理间的内在联系，引入图正则化约束的目标函数为：

$$O_F = \min \sum_{i=1}^{4} \| Y_i - D_i A \|_F^2 + \beta \| A \|_2^2 \tag{3.28}$$

其中，β 为正则化参数，且 $\beta \in （0，1）$。正则化参数的合理设置可以有效地解决局部最小值和过拟合化等问题，在模型中起到了重要的作用。为计算训练样本 Y_i（$i=1$，2，3，4）在字典空间下的系数表示，根据公式（3.28）对系数矩阵 A 求偏导有：

$$\frac{\partial O_F}{\partial A} = \sum_{i=1}^{4} （- 2D_i^T Y_i + 2D_i^T D_i A） + 2\beta I A \tag{3.29}$$

当导数为 0 时，有：

$$\sum_{i=1}^{4} （D_i^T D_i A） + \beta I A = \sum_{i=1}^{4} （D_i^T Y_i） \tag{3.30}$$

$$A = （\sum_{i=1}^{4} D_i^T D_i + \beta I）^{-1} （\sum_{i=1}^{4} D_i^T Y_i） \tag{3.31}$$

基于字典 D_i 和公式（3.29）可以计算重构系数矩阵 A。

3.3.3　图正则化约束

在高维数据空间中，同类数据样本通常呈现紧凑的空间几何结构，当高维数据映射至低维空间时，期望这种空间上的结构关系依然得到保持。算法通过构建权重图来挖掘数据间的空间几何结构特征。权重图可以直观地表示原始数据构成的图节点间的距离，权值大小表示了数据节点间距离的远近，样本的相似程度越高，权值越大。

$$S_{i,j} = \begin{cases} \exp （\dfrac{- \| y_i - y_j \|_2^2}{\sigma_1^2}），& y_i \in N_P （y_j） \\ 0, & \text{其他} \end{cases} \tag{3.32}$$

这里 $N_P （y_j）$ 表示样本 y_j 的 p 个近邻，σ_1 为常数项参数，算法中取值为 0.1。

通过构建训练样本的权重矩阵来挖掘利用样本间的几何结构信息，基于训练样本的图正则化约束策略如下：

$$J_{tra} = \sum_{i=1}^{M} \sum_{j=1}^{4} \| a_i - a_j \|_2^2 S_{i,j} \tag{3.33}$$

其中，a_i 表示系数矩阵 A 第 i 列元素，y_j 表示第 j 个训练样本，权重矩阵 $S \in \Re^{G \times G}$。

基于训练样本的图正则化约束 J_{tra} 的引入确保同一人的人脸图像在低维空间下的表示仍然保持近邻的空间几何关系。因各字典 $D_i = [D_{i\_1}，D_{i\_2}，\cdots，D_{i\_p}] \in \Re^{n \times G}$ 所包含的字典块 D_{i_p} 是以同类样本的主成分及平均图像作为字典原子构建的，有类属关系的字典原子也同样保持着一种近似的空间几何结构（图 3.5）。这意味着在重构指定的数据样本时，同类属性的字典原子有着相似的贡献。这里用 $\tilde{a}$ 表示数据样本的系数表示，$\tilde{a} = [\,\tilde{a}^{1^T},\ \tilde{a}^{2^T},\ \cdots,\ \tilde{a}^{p^T}\,]^T \in \Re^{G\times1}$，$\tilde{a}^p = [\,\tilde{a}_1^p,\ \tilde{a}_2^p,\ \cdots,\ \tilde{a}_g^p\,]^T \in \Re^{g\times1}$。

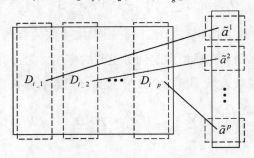

图 3.5　字典原子与系数表示对应关系

基于字典原子的图正则化约束 J_{dic} 的引入使得同类字典原子在重构样本时贡献率相近，保持了字典原子的结构化特征，使字典原子在重构同类样本时有更高的贡献率，有助于后续识别分类工作的进行。图正则化约束 J_{dic} 的计算方法如下：

$$J_{dic} = \sum_{m=1}^{p} \sum_{k=1}^{g} \sum_{l=1}^{g} (a_k^m - a_l^m)^2 B_{k,l}^m \tag{3.34}$$

$$B_{k,l}^m = \exp\left(\frac{-\left\| d_{i\_m\_k} - d_{i\_m\_l} \right\|_2^2}{\sigma_2^2}\right) \tag{3.35}$$

这里 $B_{k,l}^m$ 为根据第 m 类字典原子构建的权重矩阵，σ_2 为常数项参数，算法中取值为 0.1。

引入图正则化的目标函数最终推导如下：

$$O_F = \min_{D_i,\ A} \sum \left(\left\| Y_i - D_i A \right\|_F^2 + \frac{1}{2}\gamma J_{tra}{}^i + \frac{1}{2}\lambda J_{dic}{}^i \right) + \beta \left\| A \right\|_F^2 \tag{3.36}$$

其中，$J_{tra}{}^i$ 和 $J_{dic}{}^i$ 分别对应训练集原始图像，HL 子带、LL 子带及 HH 子带的图约束，γ、λ、β 分别为正则化参数。

3.3.4　字典更新算法

算法中基于二维小波变换的方法构造了具有不同特征的多字典，在字典更新的阶段利用梯度下降法依次更新各个字典。通过式（3.37）和（3.38）分别对字典及系数矩阵进行优化更新，式中 η 为学习率，其大小为每次梯度下降的步长，为较小的常数。

$$D_i \leftarrow D_i - \eta \frac{\partial O_F}{\partial D_i} \tag{3.37}$$

$$A \leftarrow A - \eta \frac{\partial O_F}{\partial A} \tag{3.38}$$

公式（3.36）经过推导可化简为：

$$O_F = \sum_{i=1}^{4} \{ tr[(Y_i - D_i A)(Y_i - D_i A)^T + \gamma tr(AL_1^{(i)} A^T)$$
$$+ \lambda tr(A^T L_2^{(i)} A)] \} + \beta tr(AA^T) \tag{3.39}$$

其中，$L_1^{(i)}$ 和 $L_2^{(i)}$ 分别为拉普拉斯矩阵，$L_1^{(i)} = H_S^{(i)} - S^{(i)}$，$H_S^{(i)}$ 为对角矩阵，$S^{(i)}$ 分别对应根据样本数据图像及通过原始数据获得的不同子带所计算出的权重矩阵，算法中 $H_S^{(i)} = \{ \sum_M S_{1,M}^{(i)}, \sum_M S_{2,M}^{(i)}, \cdots \}$。同样道理，$L_2^i = H_B^{(i)} - B^{(i)}$，$H_B^{(i)} = \{ \sum_G B_{1,G}^{(i)}, \sum_G B_{2,G}^{(i)}, \cdots \}$。矩阵 $B = diag\{ B^1, B^2, \cdots, B^p \} \in \Re^{G \times G}$ 为对角矩阵。对字典矩阵及系数矩阵进行更新，分别对目标函数中 D_i、A 求偏导。由式（3.39）可知，$tr(Y_i Y_i^T)$、$tr(AL_1^{(i)}、A^T)$、$tr(A^T L_2^{(i)} A)$ 和 $tr(AA^T)$ 等不包含 D_i 项，针对字典矩阵 D_i 求导有：

$$\frac{\partial O_F}{\partial D_i} = -2Y_i A^T + 2D_i AA^T, \quad i = 1, 2, 3, 4 \tag{3.40}$$

移除不包含 A 项后对 A 求导有：

$$\frac{\partial O_F}{\partial A} = \sum_{k=1}^{4} (-2D_i^T Y_i + 2D_i^T D_i A + 2\gamma AL_1^{(i)}$$
$$+ 2\lambda L_2^{(i)} A) + 2\beta IA \tag{3.41}$$

采用迭代更新的思想依次对字典 D_i 和系数 A 进行优化更新，其更新步骤如下：

（1）训练样本进行小波变换，构建训练集 Y_1、Y_2、Y_3、Y_4。

（2）运用主成分分析算法确定初始字典 D_i，通过式（3.31）确定初始系数矩阵 A。

（3）通过式（3.40）对目标函数中 D_i 求导，进而通过式（3.37）依次更新字典。

（4）通过式（3.41）对目标函数中 A 求导，进而通过式（3.38）更新系数矩阵。

（5）判断是否满足迭代条件，若目标函数收敛，则输出字典矩阵 D_i 及系数矩阵 A，否则执行步骤（3）。

基于以上过程构建的字典对测试样本进行识别，在该阶段只需将算法计算的测试样本的重构系数同训练样本的重构系数进行比较，即可得到识别结果。具体步骤是：首先，将测试样本 $\tilde{y}_{test}$ 进行小波变换，根据公式（3.42）计算得到测试样本的原始图像及 3 个子带 $\tilde{y}_{test\_i}$（$i = 1, 2, 3, 4$）在不同字典下的重构系数，然后根据式（3.43）计算测试样本 $\tilde{y}_{test}$ 与某训练样本 $\tilde{y}_j$ 的相似性，差异值越小说明两个样本相似程度越高。

$$\tilde{a}_{test\_1} = (D_1^T D_1)^{-1} D_1^T \tilde{y}_{test\_1},$$
$$\tilde{a}_{test\_2} = (D_2^T D_2)^{-1} D_2^T \tilde{y}_{test\_2},$$
$$\tilde{a}_{test\_3} = (D_3^T D_3)^{-1} D_3^T \tilde{y}_{test\_3}, \tag{3.42}$$
$$\tilde{a}_{test\_4} = (D_4^T D_4)^{-1} D_4^T \tilde{y}_{test\_4}.$$

$$dist_j = \sum_{I=1}^{4} \parallel \tilde{a}_{\text{test}\_i} - a_{j\_i} \parallel \qquad (3.43)$$

其中，a_{j_i}（$i=1$，2，3，4）分别为训练样本 $\tilde{y}_j$ 的原始图像及纹理信息在对应字典 D_i 下的重构系数。找到同测试样本差异最小的训练样本，说明测试样本同该训练样本属同一类，识别结果 T 即为训练样本 $\tilde{y}_j$ 的所属类别。

$$T = \arg \min_j \{dist_j\}, \quad j=1，2，\cdots，m \qquad (3.44)$$

3.3.5 实验结果与分析

为验证基于稀疏表示的人脸识别算法的有效性，分别在 Yale-B、PIE、UMIST 和 AR 人脸数据库进行实验，并与传统算法如 K-SVD 算法、LC-KSVD 算法、NMF 算法、GNMF[19] 算法在识别准确率上进行比较。

1. 实验数据。

Yale-B 人脸数据库包含了 38 人总计 2414 张人脸灰度图像，图像的尺寸为 64px×64px。数据库包含了在不同光照、姿态、表情等条件下进行采样的图像（图 3.6）。

图 3.6 Yale-B 人脸数据库部分图像

CMU_PIE 人脸数据库，由美国卡耐基梅隆大学创建。算法采用的是 PIE-pose5 数据库，包含 68 人总计 3332 张在不同光照和照明条件下的不同面部状态的人脸图像，图像的尺寸为 64px×64px（图 3.7）。

图 3.7 PIE-pose5 人脸数据库部分图像

UMIST 人脸数据库包含 20 人总计 564 张不同表情、角度的人脸图像，图像的尺寸为 112px×92px（图 3.8）。

图 3.8 UMIST 人脸数据库部分图像

AR 人脸数据库由 120 人、每人 26 张人脸图像构成，包含了不同光照条件下，不同面部表情，不同面部遮挡条件下（如戴太阳镜、口罩）共计 3120 张灰度图像，图像的尺寸为 50px×40px（图 3.9）。

图 3.9　AR 人脸数据库部分图像

2. 对比实验。

为保证实验结果真实有效，实验中在相同的实验条件下重复 10 次随机选择样本进行训练和测试实验，取平均值作为最终实验结果。实验结果如表 3.1 所示。

表 3.1　不同人脸数据库中的实验结果

算法名称	人脸数据库			
	Yale-B	PIE	UMIST	AR
K-SVD	87.64	96.31	78.36	91.45
LC-KSVD1	84.89	95.64	78.47	88.38
LC-KSVD2	83.65	95.99	78.31	88.31
NMF	86.22	91.75	46.75	90.57
GNMF	88.34	92.29	79.58	92.76
稀疏表示算法	96.83	97.89	84.29	96.06

Yale-B 人脸数据库实验结果如图 3.10 所示。人脸数据库中每人随机选择 32 张人脸图像组建训练集（总计 1216 张），剩余图像作为测试集（总计 1198 张）。实验过程中，模型优化学习率 η 设置为 0.035，迭代次数为 200，正则化参数 γ、λ、β 分别为 0.001、0.0001、0.0001。字典原子数从 76 依次递增至 456。从实验结果可以看出，随着字典原子数的提高，算法识别率呈明显上升趋势，且高于其他算法，字典原子数增至 380 时取得最佳识别效果，识别率达 96.83%，识别效果显著优于对比算法。

PIE 人脸数据库实验结果如图 3.11 所示。训练集样本由每人随机挑选的 25 张人脸图像构成（共计 1700 张），测试集由每人其余 24 张图像构成（共计 1632 张）。学习率 η 为 0.03，迭代次数为 200，正则化参数 γ、λ、β 分别为 0.1、0.1、0.0001。字典原子数从 340 递增至 680。从实验结果来看，算法识别率呈明显上升趋势，当字典原子数达到 476 时识别率就已经高于其他算法。当字典原子数达到 680 时，识别率达到 97.89%。

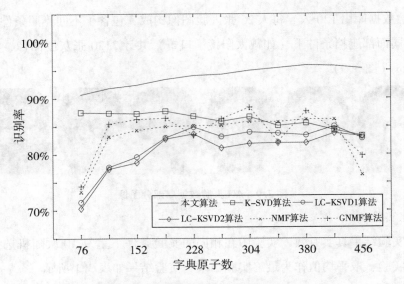

图 3.10 识别率结果对比图（Yale-B）

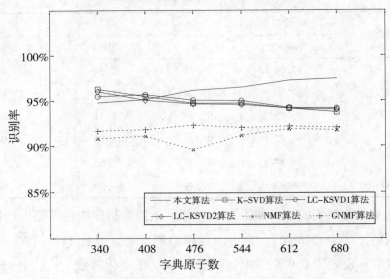

图 3.11 识别率结果对比图（PIE）

UMIST 人脸数据库实验结果如图 3.12 所示。每人随机选取 16 张灰度图像构建训练集（总计 320 张），其余图像构建测试集。学习率 η 为 0.05，迭代次数为 200，参数 γ、λ、β 分别设定为 0.1、0.1、0.000 1。每组实验的字典原子数从 80 递增至 200。在字典原子数为 100 时，算法就已经取得最佳识别率，为 84.29%。随着字典原子数的增加，识别率略有波动，但整体趋于稳定，且均高于对比算法。

AR 人脸数据库的实验结果如图 3.13 所示。每人随机取 15 张人脸图像（总计 1800 张）构建训练集，其余 1320 张图像构成测试集。学习率为 0.01，迭代次数为 200，参数 γ、λ、β 分别为 0.01、0.03、0.000 1。每组实验的字典原子数从 240 递增至 840。从实验结果来看，算法识别率随字典原子数增加变化不大，较为平稳，但在较低的字典原子数时已取得较高的识别效果。实验识别率在原子数达 720 时取得最佳，为 96.06%。

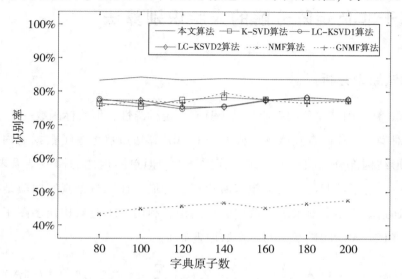

图 3.12 识别率结果对比图（UMIST）

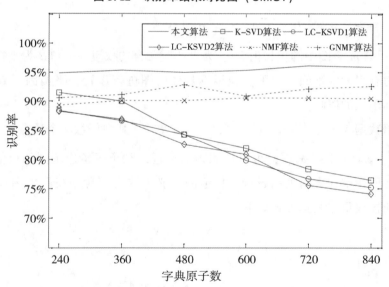

图 3.13 识别率结果对比图（AR）

以上实验结果表明，在不同光照、不同表情、不同角度以及面部遮挡等条件下，基于稀疏表示的人脸识别算法均能达到令人满意的效果，相比传统方法识别性能更高。分析其原因在于通过二维离散小波提取图像的多尺度纹理信息来构建多字典，对人脸轮廓及面部器官特征有效地加以利用，充分挖掘了样本多尺度纹理信息的价值，并通过相同的系数表达将样本的原始图像整体特征和纹理特征相互关联起来。同时，在字典学习阶段，引入图正则化约束策略，保持样本数据的空间几何结构，构造了利于分类识别的结构化字典，克服了传统算法忽略数据几何结构的不足。

3.4　基于非负矩阵分解的人脸识别算法

3.4.1　算法原理分析

传统 NMF 算法因其非负约束使其结果具有一定稀疏性，但目标函数一般基于 L2 范数损失函数，对噪声、离群点较敏感；典型的 GNMF 算法虽然考虑了数据的内蕴结构，高维数据的流形结构部分反映到了低维特征数据上，但单图构建的模型结果未知性较大，满足需求单一，甚至可能与人为期望有所背离。为最大还原数据真实内蕴结构并满足普适性需求，通过融合多个图来表示数据流形结构。利用 L21 范数构建多图正则化非负矩阵分解算法（L21-MGNMF），其目标函数原理如下：

$$O_{\text{L21-MGNMF}} = \min \| X - AS \|_{2,1} + \alpha \sum_{m=1}^{M} \mu_m \Big(\sum_{i,j=1}^{n} \| s_i - s_j \|_2^2 w_{ij}^m \Big) + \beta \| \mu \|_2^2, \tag{3.45}$$

$$s.\ t.\ A \geq 0,\ S \geq 0,\ \sum_{m=1}^{M} \mu_m = 1,\ \mu \geq 0$$

其中，w_{ij}^m 表示第 m 个图中的边权值，μ_m 为自适应融合的权重，α 和 β 为平衡因子。不同图的判别能力有很大的不同，权重 μ 应根据具体的图进行设置，平衡因子 α 决定集成流形结构对目标函数的影响。

假定原始数据 $X = [x_1,\ x_2,\ x_3,\ \cdots,\ x_n] \in \mathbf{R}^{m \times n}$，其中任意两个顶点 x_i 和 x_j 都相连，则距离 $\bar{d}\ (x_i,\ x_j) = \| x_i - x_j \|^2$，可以按照距离远近，赋予每条边不同的权值。权值越大说明两个点在原始空间上的关系越近。权值的定义方式有多种，我们采用 0-1 权重、热核权重、高斯核权重，表达方式如下：

$$W_{ij} = \begin{cases} 1,\ X_i \in N\ (X_j,\ \sigma) \\ 0,\ 其他 \end{cases} \tag{3.46}$$

$$W_{ij} = \begin{cases} 1,\ \exp\Big(-\dfrac{\| x_i - x_j \|^2}{t} \Big) \\ 0,\ 其他 \end{cases} \tag{3.47}$$

$$W_{ij} = e^{-\frac{\| xi - xj \|^2}{2\sigma^2}} \tag{3.48}$$

为了生成不同的流形，对于高斯核我们设置 $\sigma = 0.1$ 和 1，对于原始数据的流形结构我们共用 4 个图进行表示。基于算法的基本原理及约束策略，算法步骤可以描述如下：

输入变量：初始矩阵 X，权重 μ 和平衡因子 α 与 β。

步骤 1：初始化非负矩阵 A 与 S，设置最大迭代次数 Lit，迭代误差阈值 e。

步骤 2：采用迭代更新的方式，解得基矩阵 A 与系数矩阵 S。

步骤 3：迭代条件判别，当计算结果小于阈值或超出给定迭代次数，则算法终止；否则返回步骤 2。

输出量：迭代结束，得到最优解的非负矩阵 A 与 S。

3.4.2　目标函数求解

目标函数中包含 μ、S、A 三个变量，对于 μ、S、A 三个变量而言，目标函数是非凸的，因此不能给出变量的显式解。但对于单个变量而言，目标函数是凸的，因此可以采用迭代求解的方式。固定其中两个变量，再更新另一个变量。

1. 变量 A 求解。

保持变量 μ 和 S 不变，更新变量 A。移除不相关项，有关 A 的优化问题可以转化如下：

$$\min \| X-AS \|_{2,1}, \quad s.\ t.\ A \geq 0 \tag{3.49}$$

对公式（3.47）进行简单运算，可以转换如下：

$$\begin{aligned}\min \| X-AS \|_{2,1} &= tr\left[(X-AS)\ G\ (X-AS)^T \right] \\ &= tr\left(XGX^T-2ASGX^T+ASGS^TA^T \right), \quad s.\ t.\ A \geq 0\end{aligned} \tag{3.50}$$

其中，G 为对角矩阵，其对角元素为 $G_{ii}=1/\| x_i-As_i \|$。对公式（3.50）求解，由拉格朗日定理，引入一个拉格朗日乘子 Λ，其拉格朗日函数如下：

$$\ell\ (A,\ \Lambda) = tr\ (XGX^T)\ -2tr\ (ASGX^T)\ +tr\ (ASGS^TA^T)\ +\lambda tr\ (\Lambda A) \tag{3.51}$$

对公式（3.51）求偏导，并令导数等于零：

$$\frac{\partial\ \ell\ (A,\ \Lambda)}{\partial\ A} = -2XGS^T+2ASGS^T+\lambda\Lambda = 0 \tag{3.52}$$

由 KKT 最优条件 $\Lambda_{ij}A_{ij}=0$ 可以得：$(-2XGS^T+2ASGS^T)\ A_{ij}=0$。

2. 变量 S 求解。

保持变量 μ 和 A 不变，更新变量 S。移除不相关项，有关 S 的优化问题可以转化为：

$$\min \| X - AS \|_{2,1} + \alpha \sum_{m=1}^{M} \mu_m \left(\sum_{i,j=1}^{n} \| s_i - s_j \|_2^2 w_{ij}^m \right) \tag{3.53}$$

$$s.\ t.\ S \geq 0$$

将正则项目标函数转化为：

$$\min \| X - AS \|_{2,1} + \alpha \sum_{m=1}^{M} \mu_m \left(\sum_{i,j=1}^{n} \| s_i - s_j \|_2^2 w_{ij}^m \right)$$

$$= tr\left[(X - AS) G (X - AS)^T \right] + \alpha \sum_{m=1}^{M} \mu_m tr(SL^m S^T) \qquad (3.54)$$

$$= tr(XGX^T) - 2tr(ASGX^T) + tr(ASGS^T A^T) + \alpha tr(SLS^T)$$

$$s.\ t.\ S \geqslant 0$$

其中，$L = \sum_{m=1}^{M} \mu_m L^m$。

同理，由对拉格朗日定理求偏导得：

$$\ell (A, \Lambda) = tr (XGX^T) - 2tr (ASGX^T) + tr (ASGS^T A^T) + \alpha tr (SLS^T) + \lambda tr (\Lambda S) \qquad (3.55)$$

$$\frac{\partial \ell (A, \Lambda)}{\partial A} = -2A^T XG + 2A^T ASG + \alpha SL + \lambda \Lambda = 0 \qquad (3.56)$$

$$(-2A^T XG + 2A^T ASG + \alpha SL)\ S_{ij} = 0 \qquad (3.57)$$

根据公式（3.52）和（3.57），可以分别得到 A 和 S 的更新准则：

$$A_{ij} \leftarrow A_{ij} \frac{(XGS^T)_{ij}}{(ASGS^T)_{ij}} \qquad (3.58)$$

$$S_{ij} \leftarrow S_{ij} \frac{(A^T XG)_{ij}}{(A^T ASGS + \alpha SL)_{ij}} \qquad (3.59)$$

3.4.3　实验参数设置

L21-MGNMF 算法参数主要有降维后的特征维数 r、算法迭代次数 Lit、平衡因子 α。不同的参数设置，对算法性能有显著的影响。在 L21-MGNMF 模型中，迭代次数 Lit 很重要，它影响算法的收敛速度和分解误差。图 3.14 为 Lit 分别依次取值 100、300、500、800、1500 时算法准确率随特征维数 r 变化的曲线。

从图中可以看出，算法性能随着迭代次数的增加而提升，考虑到准确率与运算效率的关系，实验中 Lit 参数设为 1500。

图 3.15 为平衡因子 α 依次取值 0.1、0.05、0.03、0.01、0.005 时得到算法准确率随特征维数 r 变化的准确率曲线。

从图中可以看出，算法的性能随着平衡因子 α 的减小而提升，当 $\alpha < 0.01$ 时，算法的性能不再有进一步提升，所以实验中平衡因子设为 0.01。

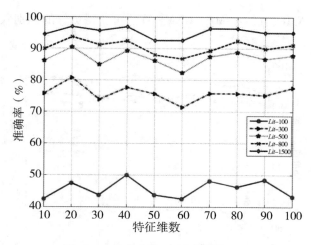

图 3.14 迭代次数 *Lit* 准确率曲线图

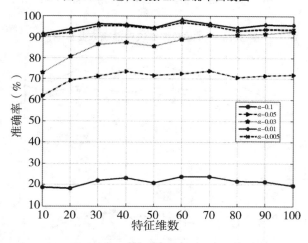

图 3.15 平衡因子准确率曲线图

3.4.4 实验结果与分析

为了进一步验证 L21-MGNMF 算法的有效性,将非负矩阵分解(NMF)算法、L21 非负矩阵分解(L21-NMF)算法、图正则化非负矩阵分解(GNMF)算法几种经典算法在 ORL、Yale 和 PIE 数据库上进行实验,并对实验结果进行比较。

L21-MGNMF 模型中的最优参数迭代次数为 1500,$\alpha = 0.01$,为保证实验结果真实有效,实验中进行 10 次重复随机选择样本进行训练和测试实验,取平均值作为最终实验结果。

1. 不同算法的识别准确率随特征维数变化的曲线图如图 3.16~图 3.18 所示。

由上述几张图像可以看出,L21-MGNMF 算法在三个数据库上识别准确率曲线整体明显在其他方法曲线之上,算法准确率在不超过 100 维时均可达 90% 以上,说明 L21-

MGNMF 算法相对于 NMF、L21-NMF、GNMF 算法可获得更好的识别效果，性能明显优于其他算法。

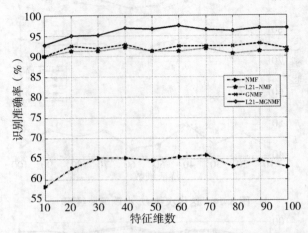

图 3.16 ORL 数据库识别准确率曲线图

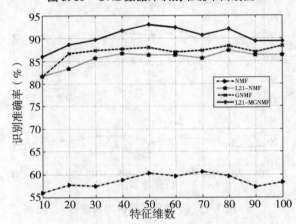

图 3.17 Yale 数据库识别准确率曲线图

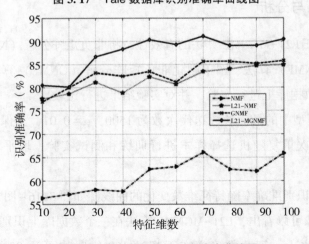

图 3.18 PIE 数据库识别准确率曲线图

62

2. 不同方法的误识率随特征维数变化的曲线图如图 3.19~图 3.21 所示。

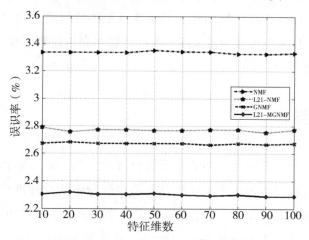

图 3.19 ORL 数据库误识率曲线图

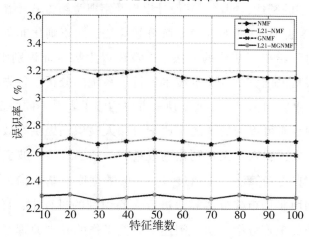

图 3.20 Yale 数据库误识率曲线图

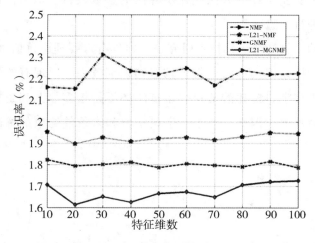

图 3.21 PIE 数据库误识率曲线图

由实验结果可以看出，基于非负矩阵分解的人脸识别算法在不同数据库上都取得了较高的准确率和极低的误识率。原因在于基于非负矩阵分解的人脸识别算法解决了经典方法对噪声、离群点较敏感导致的稀疏性和鲁棒性较差和构建单图模型时满足需求单一、结果未知性大等问题。

3.5 本章小结

本章主要介绍了基于稀疏表示和非负矩阵分解的生物特征识别算法。首先对稀疏表示的概念、字典学习算法、稀疏模型求解及非负矩阵分解的原理进行了介绍，使读者能够对基于稀疏表示和非负矩阵分解的生物特征识别算法的基本流程和关键技术有所了解。在介绍稀疏表示算法过程中对稀疏表示字典学习算法的 MOD 算法、K–SVD 算法、LC–KSVD 算法进行了详细的阐述，明确了其设计思想及字典学习方式。在非负矩阵分解算法中详细介绍了 NMF 算法、L21 范数非负矩阵分解算法、图正则化非负矩阵分解算法，就算法的机理和求解过程给出了明确的方法。本章还以生物特征识别中的人脸识别为例，对基于稀疏表示的人脸识别算法的关键技术进行了系统的分析。首先，在初始字典构建上基于图像的纹理信息，利用二维小波变换的方法构建了表示不同特征的多个初始字典。构建表示不同特征的字典可以为后续的字典学习和人脸识别提供有效的支持。为了确保原始数据的特征不丢失，引入了图正则化约束策略。基于二维小波变换的多字典构建方法设计了科学的多字典更新算法。并通过多个人脸数据库对基于稀疏表示的人脸识别算法进行了验证。在利用非负矩阵分解算法进行人脸识别的过程中，详细介绍了基于 L21 范数的多图正则化非负矩阵分解算法。阐述了算法工作的基本原理，给出了详细的目标函数求解过程。基于实验统计的方法优化了算法的参数设置。最后，在多个人脸数据库中对算法的有效性进行了验证。

基于稀疏表示的生物特征识别技术研究是一项具有重要理论价值和应用前景的研究。基于稀疏表示的生物特征识别算法获得了较好的识别效果。但现有的研究工作多集中于单字典的构建，基于多字典构建的稀疏表示算法还不是很多。尤其是在目标函数建立过程中的约束策略相对片面。因此，基于多字典学习和多条件约束的稀疏表示算法还有待于进一步研究。

参考文献

[1] Hubel DH, Wiesel TN. Receptive fields of single neurones in the cat's striate cortex. The

Journal of Physiology，1959，148（10）：574-591.

［2］ Field DJ. Relations between the statistics of natural images and the response properties of cortical cells. Journal of the Optical Society of America A Optics & Image Science，1987，4（12）：2379-2394.

［3］ Tibshirani R. Regression shrinkage and selection via the Lasso. Journal of the Royal Statal Society：Series B（Statistical Methodology），1996，58（1）：267-288.

［4］ Aharon M，Elad M，Bruckstein A M. K-SVD：An Algorithm for Designing OvercompleteDictionaries for Sparse Representation ［J］. IEEE Transactions on Signal Processing，2006，54：4311-4322.

［5］ Dong W，Zhang L，Shi G，et al. Nonlocally Centralized Sparse Representation for ImageRestoration ［J］. IEEE Transactions on Image Processing A Publication of the IEEE Signal Processing Society，2013，22（4）：1620-1630.

［6］ 倪一宁，彭宏京. 基于一种网络结构的块稀疏字典学习 ［J］. 计算机应用与软件. 2016，33（5）：260-264.

［7］ 赵雅，王顺政，吕文涛，等. 一种快速低秩的判别子字典学习算法及图像分类 ［J］. 智能计算与应用. 2021，11（1）：51-54.

［8］ 利润霖. 面向人脸识别的判别低秩字典学习算法 ［J］. 计算机系统应用. 2017，26（7）：137-145.

［9］ 蔡蕾，朱永生. 基于稀疏性非负矩阵分解和支持向量机的时频图像识别 ［J］. 自动化学报. 2009，35（10）：1272-1277.

［10］ 黄勇. 非负矩阵因子及在人脸表情识别中的应用 ［J］. 计算机工程与应用. 2010，46（26）：182-183+187.

［11］ 方蔚涛，马鹏，成正斌，等. 二维投影非负矩阵分解算法及其在人脸识别中的应用 ［J］. 自动化学报. 2012，38（9）：1503-1512.

［12］ JIANG Z，LIN Z，DAVIS L S. Label consistent K-SVD：learning a discriminative dictionary for recognition ［J］. IEEE Transactions on Pattern Analysis &Machine Intelligence，2013，35（11）：2651-2664.

［13］ MAIRAL. J，PONCE J，SAPIRO G，et al. Supervised dictionary learning ［C］. Advances in neural information processing systems. Vancouver Canada：Springer-Verlag，2009：1033-1040.

［14］ 邹建成，张文婷. 一张基于 MOD 字典学习的图像超分辨率重建新算法 ［J］. 图学学报，2015，36（3）：402-406.

［15］ AHARON M，ELAD M，BRUCKSTEIN A. K-SVD：An Algorithm for Designing Over-complete Dictionaries for Sparse Representation ［J］. IEEE Transactions on Signal Processing，2006，54 （11）：4311-4322.

［16］ LEE D D，SEUNG H S. Learning the parts of objects by non-negative matrix factorization ［J］. Nature，1999，401 （6755）：788-791.

［17］ Sotiras Aristeidis，Resnick Susan M，Davatzikos Christos. Finding imaging patterns of structural covariance via Non-Negative Matrix Factorization. ［J］. NeuroImage，2015，45 （108）：1-16.

［18］ 张绘娟，张达敏，闫威，等. 基于改进阈值函数的小波变换图像去噪算法 ［J］. 计算机应用研究，2020，343 （5）：271-274.

［19］ D Cai，X F He，et al. Graph Regularized Nonnegative Matrix Factorization for Data Representation ［J］. IEEE Transactions on Pattern Analysis & Machine Intelligence，2011，33 （8）：1548-1560.

第四章　基于流形学习的生物特征识别算法

4.1　引言

生物信息数据的高维数问题一直是影响生物特征识别率的重要因素。单单一张 128px ×128px 格式的生物信息图像，如果将每一个像素点作为一个特征属性，那么一张图像的特征表示就是 16384 维。如果是更高质量的生物信息图像，那么它的特征维数会大幅度地增长。如此高维的特征数据给后续的算法计算带来了巨大的压力。因此，就需要对这些高维数据进行有效的降维。数据降维算法是模式识别、图形处理、数据挖掘算法中不可或缺的组成部分。流形学习算法可以在保持原始数据特征信息的前提下，将高维空间的数据投影到低维空间。在投影过程中流形学习算法能够找到高维空间隐藏的结构信息和潜在的数据分布规律，并且在低维空间中保持这些结构信息和数据分布规律。鉴于流形学习算法在处理高维数据领域的优势，近年来流形学习算法得到了快速发展和广泛应用。目前提出的流形学习算法主要分为线性和非线性两大类，经典的线性流形学习算法有主成分分析（Principal Component Analysis，PCA）、线性判别分析（Linear Discriminant Analysis，LDA）、局部保持投影（Locality Preserving Projections，LPP）等，这些算法都是利用原始数据空间中的线性结构对数据进行低维表示。非线性算法的代表有等距离映射（Isomatric Mapping，ISOMAP）、拉普拉斯特征映射（Laplacian Eigenmaps，LE）、局部线性嵌入（Locally Linear Embedding，LLE）等。

随着流形学习理论研究的不断深入和发展，在生物认证领域基于流形学习的生物特征认证方法也被广泛关注。大量的流形学习算法被提出并应用于生物特征识别。如 Zhang 等提出的局部切空间排列（Local Tangent Space Alignment，LTSA）算法[1]，该算法通过对局部空间的主成分分析变换为局部空间坐标，再经过一系列的变换运算进一步表示为全局空间坐标，进而实现低维嵌入。2011 年在 Zhang 等的研究基础上对 LTSA 算法进行了改进，解决了 LTSA 算法中当样本数据过于稀疏或分布不平衡时，主成分分析效果较差的问题[2]。虽然这些算法取得了较好的效果，但是还存在高维数据到低维转换过程中未考虑类别监督信息导致识别效果下降和对新样本不能有效处理等问题。针对这些问题，基于增强监督的 LLE 算法、ESLLE 算法（Enhanced Supervised ESLLE）被提出[3]，这两种算法根据样本数据的类别监督信息定义了不同的相似性测算方法。为了解决新样本数据处理问题，线性化算法[4-6]、最近邻近似算法和图嵌入算法而被提出[7,8]。

通过流形学习算法中高维空间到低维空间的映射，既保证了生物特征数据的空间结构信息，又能有效地降低生物特征数据的维数，这为生物特征识别技术的发展开辟了一个崭新的研究领域。基于流形学习算法的生物数据降维算法可以提高特征生物识别算法的计算效率和识别精准度，是一种高效的生物特征识别算法。

4.2 流形学习算法简介

4.2.1 流形学习的概念

流形学习是数据降维领域的一个重要分支。流形是不同数据维数下数据信息的曲线或曲面表示。流形学习算法通常被简称为流形学习（Manifold Learning），自从《科学》杂志提出这一概念以来，流形学习已经成为模式识别、图像处理、信号处理、数据可视化等领域的研究热点问题。因其具有广泛的应用前景，对于流形学习的研究具有重要的科学意义。

流形学习算法被用来将高维空间的数据映射到低维空间，进而实现高维数据的有效降维。流形学习算法在将高维空间向低维空间映射的过程中保持了数据信息的流形结构，可以有效地实现高维数据的可视化，使得人们可以更加直观地了解数据的分布规律，进而了解数据信息中隐含的规律。流形学习算法的数据降维方式有别于其他数据降维算法，流形学习算法是基于数据信息都存在一个潜在的流形结构这一假设，也就是所有高维数据信息都在一个潜在的流形上。不同的流形学习算法对流形性质的要求都有所区别，基于不同性质的假设也就各不相同。无论是基于哪种流形性质的假设，其原理都是在数据信息的高维空间中挖掘其低维流形结构，并计算出其映射关系，最终实现高维数据的低维表示或数据的可视化表示。

Silva 和 Tenenbaum 在 2022 年最早提出了流形学习的数学表示[9]。给定高维数据空间的数据样本集 $X = \{x_i, i=1, 2, 3\cdots, N\} \in R^D$ 和低维数据空间的数据样本集 $Y = \{y_i, i=1, 2, 3\cdots, N\} \in R^d$，低维样本空间的数据集 Y 是高维样本空间数据集 X 经过非线性的变换 f 映射生成的。即：$x_i = f(y_i) + \varepsilon_i$，这里 $d \ll D$，$f : R^d \to R^D$ 是嵌入映射。流形学习的目标就是通过给定的高维空间数据集 X 获取其低维表示：$Y = \{y_i, i=1, 2, 3\cdots, N\} \in R^d$，并建立高维空间到低维空间的非线性映射关系 $f^{-1} : R^D \to R^d$。

相对于非线性算法，线性算法更容易表示。线性数据降维算法是基于高维空间的数据分布是在一个线性流形结构上，这一类算法的基本原理就是利用线性的映射关系将高维空间的数据映射到低维数据空间。其表示公式如下：

$$y = W^T x \qquad\qquad (4.1)$$

这里 x 代表高维数据空间中的样本数据，y 代表降维后的低维空间数据，W 为映射矩阵。

4.2.2　流形学习的特点

自流形学习算法被提出以来，由于其在数据降维方面表现出的优越性能，在模式识别、图像可视化等领域得到了快速的发展。大量基于流形学习的各类算法被提出。总结流形学习的各类算法，其特点主要表现在线性化、核化和张量化三个方面。流形学习算法的线性化可以有效地解决高维空间数据与低维空间数据之间不明确映射关系。当低维空间数据与原始高维空间数据之间存在一种线性映射关系时，对流形学习算法进行线性化处理可以看作是对非线性分布的样本数据的一种线性化逼近。流形学习的线性化发展对于获取高维空间到低维空间的映射和最终数据分类算法来说，它的计算效率会大幅度地提高。从理论上来说，直接的线性化映射会在很大程度上破坏原始数据的非线性分布结构，甚至会大幅度降低整体算法的识别效果。但是从大量的实验结果统计来看流形学习的线性化发展极大地提高了算法的性能和计算效率，对识别结果的准确率也有着极大的提升。流形学习算法的核化是解决非线性分布数据在线性空间可分类的问题。流形学习算法的核化通常是在算法中引入核函数模型。核函数模型是一种映射关系，可以经原始空间中的数据映射到一个高维的 Hilbert 空间，核函数具有较好的泛化学习能力，任何样本数据都可以通过核函数映射到 Hilbert 空间。流形学习算法的核扩展方式既可以提高原始流形学习算法的学习能力，又可以将原始数据投影到 Hilbert 空间，并保持原始数据的结构特征信息，这样就可以更好地提高数据的线性可分性。核化的主成分分析算法、线性判别分析算法属于这一类。由于核函数的引入对于流形学习算法来说无形中又增加了算法参数的设置，同时也包括核函数的选择问题。截至目前还没有一个通用的标准来对流形学习算法进行核化，大多数情况下还要根据样本数据的特点来选择核函数和参数。流形学习算法的线性化与核化扩展都是从向量的角度提出的，从这个角度来提高算法的泛化能力。基于向量的表述方式使得样本空间中的任何一个样本数据都可以看作是一个向量，这些数据也可能包含高阶的结构信息，因此需要用张量进行描述。张量实际是对矢量和矩阵的一种扩展。例如一张生物图像就是一个二阶张量，视频数据就是一个三阶张量。在坐标系统中张量由若干个分量组成，在不同的坐标系统内各张量的分量满足一定的变换规律。如矢量可以看作是一阶张量，矩阵可以看作是二阶张量，像彩色图像这种立体矩阵表示形式可以看作是三阶张量等。张量化的代表性算法有张量子控件分析算法、2D 主成分分析算法等[10]。

4.2.3 线性降维算法

根据流形学习算法的映射关系可以将流形学习算法分为线性流形学习算法和非线性流形学习算法两类。线性流形学习算法主要有 PCA[11]、LDA[12]、LPP[13] 等算法。经典的非线性流形学习算法有 ISOMAP[14]、LE[15]、LLE[16] 等算法。

1. PCA。

PCA 作为典型的线性数据降维算法，在模式识别、数据压缩和数字图像处理等领域应用非常广泛。PCA 算法的核心思想就是在高维空间中，通过线性变换的方式寻找数据的低维表示形式。

假设 $X = \{x_i, i = 1, 2, \cdots, M\} \in R^N$ 为高维数据集，并且该数据集的均值为 0，PCA 要实现的主要功能就是将数据集 X 通过线性变换的方式寻找它的低维描述 $Y = \{y_i, i = 1, 2, \cdots, M\} \in R^n (n \ll N)$。即：$Y = W^T X$。对于 W 的求解通常采用两种方式，一是最小化重构误差，二是最大化方差变化。

从重构误差的角度来分析，矩阵 W 的求解可以通过如下函数来完成：

$$\min_W \| E \| = \min_W \| X - WW^T X \|^2 \quad s.\ t. \quad W^T W = I \tag{4.2}$$

其中，E 表示重构误差。

PCA 算法最终目标就是找到一组使得 X 重构误差最小的矩阵 W。公式（4.2）经过推导可以转化为：

$$
\begin{aligned}
\min_W \| E \| &= \| X - WW^T X \|^2 \\
&= \min_W tr \{ (X - WW^T X)^T (X - WW^T X) \} \\
&= \min_W tr \{ X^T X - 2X^T WW^T X + X^T WW^T X \} \\
&= \min_W tr \{ X^T X - X^T WW^T X \}
\end{aligned}
\tag{4.3}
$$

其中，$X^T X$ 是常量。

上述问题被转换为最大化 $X^T WW^T X$ 问题。公式（4.3）可以转化为 W 的二次型最大化问题，可以通过特征值分解方法求解。

从最大化数据方差变化方面来分析，就是发现高维数据集上相互正交，且方差变化较大的几个方向。公式（4.4）定义了原始数据的协方差矩阵：

$$C_{xx} = E\ \{XX^T\} \tag{4.4}$$

根据线性变化关系，数据在低维空间中的协方差矩阵如公式（4.5）所示：

$$C_{yy} = E\ \{YY^T\}\ = E\ \{W^T XX^T W\}\ = W^T C_{xx} W \tag{4.5}$$

这里同样可以采用特征值分解的方法对 W 矩阵进行求解。主成分分析算法通过数据集的方差来衡量数据包含的信息量。数据集的方差越大，其包含的信息内容就越丰富，相反，包含信息内容就较少。由于 PCA 降维方法就是坐标变换的过程，所以该方法具有计算相对比较简单，并且很容易理解的优点。

2. LDA。

LDA 也叫作 Fisher 线性判别（Fisher Linear Discriminant，FLD）。LDA 作为一种有监督的高维数据降维算法，该算法将原始数据的类别信息引入高维数据的降维过程中。基本思想是将数据从高维空间投影到有利于数据判别的低维空间，在投影过程中不仅实现数据的降维，还要保证样本数据的判别能力。通过 LDA 算法在数据集中找到的投影方向是最具有区分能力的方向，在该方向下样本数据可以被很好地区分开。

在 LDA 算法中，为了发现区分能力较好的投影方向，需要分别计算数据集的类内差异和类间差异。假设数据集中包括 C 个类别，那么该数据集的类内差异描述矩阵 S_w 和类间差异描述矩阵 S_h 可以通过公式（4.6）和公式（4.7）计算：

$$S_b = \frac{1}{N} \sum_{i=1}^{C} N_i (m_i - m)(m_i - m)^T \tag{4.6}$$

$$S_w = \sum_{i=1}^{C} S_i \tag{4.7}$$

其中，N_i 为第 i 类样本数据的数量，m_i 和 m 分别代表第 i 类样本数据和全体样本数据的均值，S_i 则为第 i 类样本数据的协方差矩阵。LDA 的准则函数定义如下：

$$J\ (W)\ = \frac{tr\ (W^T S_b W)}{tr\ (W^T S_w W)} \tag{4.8}$$

LDA 作为有监督的数据降维算法，由于从高维空间向低维空间转换的过程更多地考虑了样本数据的类别信息，相对于 PCA 算法来说，通过 LDA 算法得到的低维数据样本更具有区分性。

3. LPP。

LPP 算法在高维数据向低维空间转换过程中采用线性逼近的设计思想，假设数据降维能够通过线性变换的方法来实现，即 $Y = A^T X$，这里 A 表示变换矩阵。LPP 算法和 LE 算法的相似之处在于都是先建立样本数据的邻域图，然后计算权重矩阵。但是，LPP 算法希望实现的是高维空间到低维空间的线性变换，使用变换矩阵，那么其目标函数就变为：

$$\sum_{i,j}(y_i - y_j)^2 w_{ij} = \sum_{i,j}(A^T x_i - A^T x_j)^2 w_{ij}$$

$$= 2\left(\sum_{i,j}A^T x_i w_{ij} x_i A - \sum_{i,j}A^T x_i w_{ij} x_j A\right)$$

$$= 2tr(A^T XBX^T A - A^T XWX^T A) \tag{4.9}$$

$$= 2tr[A^T X(B - W)X^T A]$$

$$= 2tr(A^T XLX^T A)$$

其中，tr 表示矩阵的迹，L 表示拉普拉斯矩阵，B 表示对角矩阵。通过使用约束：

$$A^T XBX^T A = I \tag{4.10}$$

使得 LPP 的目标函数为：

$$\arg\min_W A^T XLX^T A \quad s.\ t. \quad A^T XBX^T A = I \tag{4.11}$$

求解公式（4.11）可以通过计算公式（4.12）的最小特征值所对应的特征向量来实现：

$$XLX^T A = \lambda XBX^T A \tag{4.12}$$

由于 LPP 算法也是基于局部结构的流形学习算法，因此在样本数据从高维数据空间向低维数据空间转换过程中可以很好地保持其结构信息。随着广大科研工作者的不断努力，基于 LE 和 LPP 的改进算法也被大量提出，这些改进算法通常利用样本数据的类别属性实现对样本数据的有监督降维，使得高维数据转换到低维空间后保持了更好的区分性能。

4.2.4 非线性降维算法

1. ISOMAP 算法。

ISOMAP 算法是在适用于欧式空间的多维尺度变换算法（multidimensional scaling, MDS）基础上的改进算法。MDS 的核心思想就是在保持样本数据欧式空间距离不变的情况下，实现样本数据从高维空间到低维空间的转换。由于 MDS 算法是以样本数据的欧式空间距离为基础的，如果样本数据分布在一个流形结构上，欧式距离就不再适用了。因此，ISOMAP 算法使用了样本数据之间的测地线距离，在保持样本数据间测地线距离不变的情况下，实现高维数据的降维。ISOMAP 算法的具体步骤如下。

（1）构建高维空间样本数据邻域图 G：对数据 x_i（$i=1, 2, \cdots, N$）计算它在欧式距离下的近邻数据。然后以 x_i 和它的邻近数据为顶点，以距离为边构建邻域图 G。

（2）计算最短路径：根据邻域图 G，计算样本数据两点之间的最短路径作为流形结构上的测地线距离。

（3）低维嵌入的构建：通过计算得到的两点间最短路径矩阵代替多维尺度变换算法

中使用的欧式距离矩阵，记：

$$H = \frac{-\ (I-ee^T/N)\ G_G\ (I-ee^T/N)^T}{2} \tag{4.13}$$

对其进行特征值分解可以得到 H 的最大 d 个特征值 λ_1，λ_2，$\cdots$，λ_d 和对应的特征向量矩阵 $U = [u_1, u_2, \cdots, u_d]$，$d$ 维嵌入结果如下：

$$Y = diag\ (\lambda_1^{1/2},\ \cdots,\ \lambda_d^{1/2})\ U^T \tag{4.14}$$

由于 ISOMAP 算法采用了测地线距离，这就使得嵌入结果能够更好地反映数据在高维数据空间中的流形结构。由于等距离映射算法是非线性的，因此适合于学习那些内部结构相对平坦的低维流形，不适合学习那些存在较大曲率的流形。图 4.1 显示了测地线距离与欧式距离的对比效果。

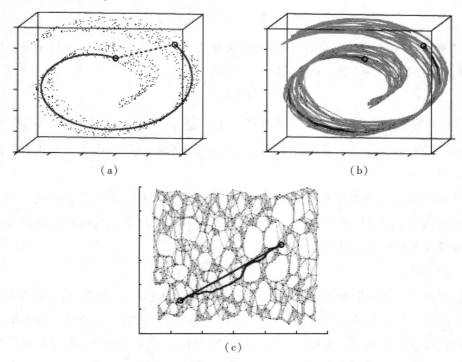

图 4.1　ISOMAP 中测地线距离与欧式距离的对比效果

2. LE 算法。

LE 算法认为高维数据空间中样本数据之间存在近邻关系，那么转换到低维空间后，这些样本数据需要仍然保持这种近邻关系。LE 算法是基于局部结构的流形学习算法，通过构建相似关系矩阵来描述数据流形的局部结构特征。LE 算法的具体实现步骤包括三个部分。

（1）构建数据之间的邻域关系图：通过寻找高维数据空间中的每个数据样本点的近邻数据样本点建立样本数据的邻域关系图。

（2）权重的确定：通过计算邻近样本点间的权重，构建权重矩阵 $W=\{w_{ij}\}$。权重的计算主要采用以下两种方法：

简单方法：在邻域关系图中，如果样本数据之间存在近邻关系，则将其权重赋值为1，否则赋值为0。

热核函数法：在邻域关系图中，如果样本数据之间存在近邻关系，则通过热核函数计算它们之间的权重值，计算方法如下：

$$w_{ij}=e^{\frac{-\|x_i-x_j\|^2}{t}} \tag{4.15}$$

否则权重赋值为0。

（3）特征映射：LE 算法的目标函数如公式如下：

$$\min\sum_{i,j}(y_i-y_j)^2 w_{ij} \tag{4.16}$$

通过简单的推导，我们可以使用特征值分解方式计算低维空间的映射结果，即计算公式（4.17）的最小特征值所对应的特征向量：

$$LY=\lambda BY \tag{4.17}$$

这里，B 为通过 W 计算获得的对角矩阵，$B_{ii}=\sum_j w_{ij}$，$L=B-W$ 为拉普拉斯矩阵，那么公式（4.17）中前 b 个非零最小特征值对应的特征向量构成的矩阵就是高维数据向低维转换的结果。

LE 算法是考虑样本近邻关系的流形学习算法，利用对稀疏矩阵的特征值分解来实现高维数据向低维空间的转换。但是，拉普拉斯特征映射算法不能实现数据降维的显示映射，很难解决未知样本数据的降维问题。

3. LLE 算法。

LLE 算法是经典的非线性流形学习算法。LLE 与 ISOMAP 相比较，后者重点考虑的是在低维空间中数据的全局机构信息，而前者是从局部角度出发，主要针对的是数据的局部空间机构信息保持不变。其算法思想是，当数据在高维空间中的分布是一种平滑结构时，是由于样本点邻近的数据点分布结构造成的，只要在低维空间保持该样本点的邻近数据结构分布就可以保证其在低维空间也是平滑的。而且每个样本点都可以通过其局部的样本数据进行线性重构，并且保持低维空间样本点的邻域权重不发生变化，在重构样本点时使得重构误差最小。LLE 算法的工作流程如下。

（1）计算样本数据的 k 个邻近点的集合。

对于每个样本点 x_i 的 k 个邻近的构建集合 V_i，这里 k 必须大于低维空间的特征向量的维数 d。在数据集中要判定一个样本点的邻近点，可以通过相似性度量的方式来实现。具体相似性判定可以用距离来完成。判断方法主要有两种：一是近邻法，只要是该样本

点的 k 个近邻就将其加入集合 V_i 中；二是邻域法，通过阈值进行判断样本点的邻域，只要是邻域内的样本点都加入集合 V_i 中。

（2）计算重构权重矩阵 W。

重构权重矩阵 W 是通过最小化重构误差函数来计算的。重构误差函数如下：

$$\varepsilon(W) = \sum_{i=1}^{N} \left(x_i - \sum_{j=1}^{k} w_{ij}x_j\right)^T \left(x_i - \sum_{j=1}^{k} w_{ij}x_j\right) \tag{4.18}$$

这里，当 x_j 不在 V_i 时，$w_{ij} = 0$，另外 $\sum_{j=1}^{k} w_{ij} = 1$。

（3）数据在低维空间的表示。

设 x_i 对应低维空间的表示为 y_i，y_i 可以通过计算最小的误差函数的形式获得。低维空间的误差函数如下：

$$\varepsilon(W') = \sum_{i=1}^{N} \left(y_i - \sum_{j=1}^{k} w'_{ij}y_j\right)^T \left(y_i - \sum_{j=1}^{k} w'_{ij}y_j\right) \tag{4.19}$$

这里 $\sum_{i=1}^{k} y_j = 0$；$\dfrac{1}{N}\sum_{i=1}^{k} y_i^T y_i = I$。

局部线性嵌入算法可以学习任何维数的低维流形结构，算法需要的参数较少，受主观因素影响较小。局部线性嵌入算法确保了每个样本点邻近权重在旋转、拉伸、平移等情况下保持不变，算法简单容易实现。局部线性嵌入算法的缺点是要求数据样本在局部分布是线性的，算法参数没有统一的标准，需要根据数据集的分布特点设置。因局部线性嵌入算法是无监督的算法，无法充分利用样本的类别属性。当有新样本数据加入时，整个算法需重新计算。

4.3　基于有监督降维的人脸识别算法

基于有监督降维的人脸识别算法根据样本的平均相似性自适应地选择样本邻域，避免了邻域参数取值对算法性能的影响，并利用样本类别信息来构建局部判别相似图和局部判别差异图来刻画数据的流形局部结构，解决了人脸识别中经常遇到的小样本问题。为了更好地保持原始图像的空间结构，在降维算法中引入了二维离散拉普拉斯图的光滑正则化算法，该算法包含了图像像素关系信息，可以用来衡量映射特征向量的空间光滑性。

4.3.1　局部结构和差异信息投影

给定 N 个训练样本 $X = [x_1, x_2, \cdots, x_N]$，其中 $x_i \in R^D$ 代表第 $i = 1, \cdots, N$ 个训练图像向量。$G_s = (V, E, S)$ 和 $G_d = (V, E, B)$ 分别记作加权邻域相似图和加权邻域差

异图，其中 V 表示图中顶点集合，E 是连接顶点的边集合，S 是权值矩阵，其元素表示两点之间的相似度，B 也是权值矩阵，其元素表示两点之间的差异性。矩阵 S 和矩阵 B 分别定义如下：

$$S_{ij} = \begin{cases} \exp\left(\dfrac{-\parallel x_i - x_j \parallel^2}{t}\right), & x_i \in N_k(x_j) \text{ or } x_j \in N_k(x_i) \text{ and } \tau_i = \tau_j \\ 0, & \text{otherwise} \end{cases} \quad (4.20)$$

$$B_{ij} = \begin{cases} \exp\left(\dfrac{b}{-\parallel x_i - x_j \parallel^2}\right), & x_j \in N_{k_1}(x_j) \text{ or } x_j \in N_{k_1}(x_i) \\ 0, & \text{otherwise} \end{cases} \quad (4.21)$$

其中，τ_i 表示样本 x_i 的类别标签，$N_k(x_j)$ 和 $N_k(x_j)$ 分别表示样本 x_i 的 k 个近邻和 k_1 个近邻，参数 $t \in (0, +\infty)$ 和 $b \in (0, +\infty)$。

局部结构和差异信息投影目的是寻找一组判别投影同时可以有效地保持样本的局部相似属性，而且最大限度地保持样本的局部差异信息。其目标函数如下：

$$J(W) = \arg\min_{W^T W = I} \frac{W^T G_L W}{W^T G_N W} \quad (4.22)$$

其中 $G_L = XLX^T$ 和 $G_N = XLX^T$ 分别为局部散度矩阵和局部差异散度矩阵，$L = D - S$ 和 $\overline{L} = \overline{D} - B$ 分别为拉普拉斯矩阵，$D_{ii} = \sum_j S_{ij}$ 和 $\overline{D_{ii}} = \sum_j B_{ij}$ 为对角矩阵，W 为变换矩阵，其可以通过广义特征值分解 $G_L W = \lambda G_N W$ 得到，并且满足 $W_i^T W_j = \begin{cases} 0, & i \neq j \\ 1, & i = j \end{cases}$。

4.3.2　局部邻域相似判别图和局部差异判别图

基于有监督降维的人脸识别算法，在算法设计过程中构建了局部邻域相似判别图（G_s）和局部差异判别图（G_D）。首先，计算每个样本 x_i 的平均相似性，计算公式如下：

$$AS(x_i) = \frac{1}{N} \sum_{i=1}^{N} \exp\left(-\frac{\parallel x_i - x_j \parallel^2}{t}\right) \quad (4.23)$$

然后，分别计算每个样本 x_i 的类内近邻样本集合 $N_w(x_i)$ 和类间近邻样本集合 $N_b(x_i)$。

$$N_w(x_i) = \left\{ x \mid \tau_i = \tau_j,\ \exp\left(-\frac{\parallel x_i - x_j \parallel^2}{t}\right) > AS(x_i) \right\} \quad (4.24)$$

$$N_b(x_i) = \left\{ x \mid \tau_i \neq \tau_j,\ \exp\left(-\frac{\parallel x_i - x_j \parallel^2}{t}\right) > AS(x_i) \right\} \quad (4.25)$$

其中，τ_i 表示样本 x_i 的类别标签样本。从公式（4.23）和公式（4.24）可以看出，每个样本的邻域大小依赖样本原始空间的局部密度分布和样本的相似性。所以，每个样本的邻域是自适应的选择。

最后，分别计算图 G_S 和 G_D 的权重。

$$S_{ij}=\begin{cases}\exp\left(\dfrac{-\parallel x_i-x_j\parallel^2}{t}\right)\left[1+\exp\left(\dfrac{-\parallel x_i-x_j\parallel^2}{t}\right)\right], & x_i\in N_w\ (x_i)\\[3mm]\exp\left(\dfrac{-\parallel x_i-x_j\parallel^2}{t}\right)\left[1-\exp\left(-\dfrac{\parallel x_i-x_j\parallel^2}{t}\right)\right], & x_i\in N_b\ (x_i)\\[3mm]0, & \text{otherwise}\end{cases} \tag{4.26}$$

$$B_{ij}=\begin{cases}\exp\left(\dfrac{b}{\parallel x_i-x_j\parallel^2}\right)\left[1-\exp\left(\dfrac{b}{\parallel x_i-x_j\parallel^2}\right)\right], & x_i\in N_w\ (x_i)\\[3mm]\exp\left(\dfrac{b}{\parallel x_i-x_j\parallel^2}\right)\left[1+\exp\left(\dfrac{b}{\parallel x_i-x_j\parallel^2}\right)\right], & x_i\in N_b\ (x_i)\\[3mm]0, & \text{otherwise}\end{cases} \tag{4.27}$$

其中，参数 $t\in(0,+\infty)$，$b\in(0,+\infty)$。从公式（4.26）中可以看出：①当欧式距离相等时，同类之间的权值要大于不同类之间样本的权值，即同类样本之间的相似性要大于不同类样本之间的。②判别相似性具有邻域保持能力，数据集的流形结构很大程度上得以保持。③随着欧式距离增加判别相似值趋近零。因此判别相似性具有防止噪声的能力。同样从公式（4.27）中可以看出：①当欧式距离相等时，局部邻域类间差异性大于局部类内差异性。②局部判别差异结合了数据局部结构和类别信息，更好地保持样本局部邻域关系，数据的几何结构在很大程度上得以保持。③随着欧式距离增大，局部类间判别差异权值也随着增大，这样可以使不同类的样本点投影到低维空间中彼此相互远离，局部类内差异性可以防止同类样本投影到低维空间后彼此远离。

4.3.3　目标函数及求解方法

令 $y_i=A^Tx_i$ 是图像样本 x_i 的低维表示，其中 A 是变换矩阵。首先，为了在低维特征空间中保持数据的局部结构信息，定义目标函数如下：

$$\min\sum_{i,\,j=1}^{N}\parallel y_i-y_j\parallel^2 S_{ij} \tag{4.28}$$

将 $y_i=A^Tx_i$ 代入公式（4.27）可以做如下转化：

$$\min \sum_{i,\,j=1}^{N} \| y_i - y_j \|^2 S_{ij} = \sum_{i,\,j=1}^{N} \| W^T x_i - W^T x_j \|^2 S_{ij}$$

$$= 2tr\Big(\sum_{ij=1}^{N} W^T x_i S_{ij} x_i^T W - \sum_{ij=1}^{N} W^T x_i S_{ij} x_j^T W \Big)$$

$$= 2tr(W^T X D X^T W - W^T X S X^T W)$$ (4.29)

$$= 2tr(W^T X (D - S) X^T W) = 2tr(W^T X L X^T W)$$

$$= 2tr(W^T G_L W)$$

其中，D 是对角矩阵，其对角元素是矩阵中每一行或者列元素之和（因为矩阵 S 是对称矩阵），如 $D_{ii} = \sum_j S_{ij}$，$L = D - S$ 是拉普拉斯矩阵，$G_L = X L X^T$ 是局部相似散度矩阵。

其次，为了更好地在低维特征空间中保持数据的差异性，定义如下目标函数：

$$\max \sum_{i,\,j=1}^{N} \| y_i - y_j \|^2 B_{ij}$$ (4.30)

将 $y_i = A^T x_i$ 代入公式（4.30）中可以转化如下：

$$\max\max \sum_{i,\,j=1}^{N} \| y_i - y_j \|^2 B_{ij} = \max \sum_{i,\,j=1}^{N} \| W^T x_i - W^T x_j \|^2 S_{ij}$$

$$= 2tr\Big(\sum_{ij=1}^{N} W^T x_i B_{ij} x_i^T W - \sum_{ij=1}^{N} W^T x_i B_{ij} x_j^T W \Big)$$

$$= 2tr(W^T X \bar{D} X^T W - W^T X B X^T W)$$ (4.31)

$$= 2tr[W^T X (\bar{D} - B) X^T W] = 2tr(W^T X \bar{L} X^T W)$$

$$= 2tr(W^T G_N W)$$

其中，D 是对角矩阵，其对角元素是矩阵中每一行或者列元素之和（因为矩阵 B 是对称矩阵），如 $\bar{D}_{ii} = \sum_j B_{ij}$，$\bar{L} = \bar{D} - B$ 是拉普拉斯矩阵，$G_N = X \bar{L} X^T$ 是局部差异散度矩阵。

最后，为考虑图像像素空间位置和投影矩阵的平滑性，采用基于二维离散拉普拉斯图的光滑正则化项来测量图像在行和列两个方向上的光滑性[19]。更为具体地说，假设图像的大小为 $n_1 \times n_2$，相应的二维拉普拉斯算子的离散近似构造过程如下：

令 I_I 表示 $n_i \times n_i^*$ 单位矩阵（$i = 1,\ 2$），$\otimes$ 表示克罗内克积。可用 $n_i \times n_i$ 的矩阵 D_i（$i = 1,\ 2$）来生成拉普拉斯算子的离散近似。而 D_i 可以写成如下形式：

$$D_i = \frac{1}{h_i^2} \begin{pmatrix} -1 & 1 & 0 & \cdots & 0 \\ 1 & -2 & 1 & \cdots & 0 \\ \vdots & \vdots & \vdots & \vdots & \vdots \\ 0 & \cdots & 1 & -2 & 1 \\ 0 & \cdots & 0 & 1 & -1 \end{pmatrix}$$ (4.32)

其中，$h_i = 1/n_i$ （$i = 1$，2）。

矩阵 $\Delta \in R^{n_1 n_2 \times n_1 n_2}$ 定义为：

$$\Delta = D_1 \otimes I_2 + D_2 \otimes I_1 \tag{4.33}$$

对于大小为 $n_1 \times n_2$ 图像向量 x，文献［19］的结论表明 $\|\Delta\|^2$ 正比于 x 中近邻点之间的均方误差之和。因此，它是度量图像光滑性的有效工具。

结合公式（4.29）、公式（4.31）、公式（4.33），目标函数如下：

$$\min W^T G_L W - \alpha W^T G_N W + \beta W^T \Delta^T \Delta W \tag{4.34}$$
$$s. \quad t \quad W^T W = I$$

其中，α 为平衡因子，β 为正规化参数。

目标函数求解，首先，对公式（4.34）进行简单的调整，得公式：

$$\min W^T \left(G_L - \alpha G_N + \beta \Delta^T \Delta \right) W \tag{4.35}$$
$$s. \quad t \quad W^T W = I$$

然后，构造拉格朗日函数：

$$F\left(W, \lambda\right) = W^T \left(G_L - \alpha G_N + \beta \Delta^T \Delta \right) W - \lambda \left(W^T W - I \right) \tag{4.36}$$

接着，对公式（4.36）求导，并令其导数等于零，整理得：

$$\left(G_L - \alpha G_N + \beta \Delta^T \Delta \right) W = \lambda W \tag{4.37}$$

最后，对公式（4.37）进行广义特征值分解，得到前 d 个最大特征值对应的特征向量 w_1，w_2，$\cdots$，w_d，则 $W = \left[w_1, w_2, \cdots, w_d \right]$。

4.3.4　实验结果与分析

为了验证本文提出算法的有效性，将其与目前流行的算法进行对比，主要包括 PCA、LPP、MMC[17]、MFA[18]、LPDP[19]、S-LSDP[20]。实验数据采用 Yale 标准人脸数据库和 ORL 标准人脸数据库的人脸图像。Yale 标准人脸数据库包括 15 人的 165 张人脸图像，每人 11 张，这 11 张图像分别在如下不同的光照、面部表情等条件下获取，如戴眼镜、高兴、左光照、无眼镜、正常、右光照、悲哀、倦怠、惊喜和眨眼。所有人脸图像均裁剪 32px×32px 并且按照眼部位置对齐。ORL 标准人脸数据库有 40 人，每人 10 张，其中人脸表情、人脸姿态和人脸尺度均有一定变化。图 4.2 和图 4.3 分别为 Yale 标准人脸数据库和 ORL 标准人脸数据库中的若干张人脸图像。

图 4.2　Yale 标准人脸数据库中的若干张人脸图像

图 4.3　ORL 标准人脸数据库中的若干张人脸图像

1. 参数设置。

在实验数据集中，从每类随机选择几个图像进行训练，剩余部分用于测试。具体对 Yale 和 ORL 来说分别从每个数据库中选取 5~6 张用于训练，其余用于测试。PCA 的贡献率设置为 99%，LPP 和 LPDP 的近邻 k 设置为 4，MFA 和 S-LSDP 中的 k_1 和 k_2 分别设置为 4 和 20。算法中的参数 α 和 β 均设置为 0.01，将实验重复进行 10 次，取平均结果作为最终识别结果。

2. 对比实验。

测试所有算法在两个数据库中的性能。表 4.1 和表 4.2 分别给出不同算法平均识别结果和标准差以及对应的特征维数。图 4.4 和图 4.5 分别给出当训练样本为 5 的情况下不同算法平均识别率随着特征子空间的特征维数变化曲线图。

表 4.1　不同算法在 Yale 标准人脸数据库中最大的平均识别率

算法	$T=5$	$T=6$
PCA	77.22%±3.52（50）	80.13%±3.29（45）
LPP	80.89%±4.94（50）	82.60%±2.87（50）
MMC	91.00%±4.11（15）	93.60%±3.76（15）
MFA	92.25%±2.88（45）	93.33%±3.10（50）
LPDP	93.56%±2.66（15）	95.87%±2.47（15）
S-LSDP	92.44%±3.54（25）	94.93%±3.25（35）
有监督算法	95.67%±2.19（45）	97.73%±1.26（35）

表 4.2　不同算法在 ORL 标准人脸数据库中最大的平均识别率

算法	$T=5$	$T=6$
PCA	91.30±1.03（40）	93.12±0.82（35）
LPP	92.30±2.06（50）	94.25±2.48（45）
MMC	93.25±1.60（35）	95.81±1.00（35）
MFA	94.70±1.58（35）	96.56±1.40（45）
LPDP	95.50±1.41（50）	96.81±1.41（45）
S-LSDP	95.60±2.35（40）	97.06±2.57（50）
有监督算法	96.70±1.42（45）	98.25±0.99（50）

通过对表4.1、表4.2、图4.4、图4.5的观察、比较和分析，可以得到如下结论。

（1）PCA 和 LPP 都是无监督学习算法，未利用样本的类别信息。因此，它们性能次于有监督算法。然而，LPP 的性能要优于 PCA 是因为 LPP 考虑样本局部结构，该结果也验证了数据的局部结构有利于判别特征提取。

（2）MMC（Maximum Magrin Criterion）是一种基于全局的有监督算法，它的识别结果要次于其他基于局部的有监督算法。S-LSDP 的性能要优于其他基于局部的有监督算法，是因为 S-LSDP 在特征提取过程中考虑到了数据的局部差异。

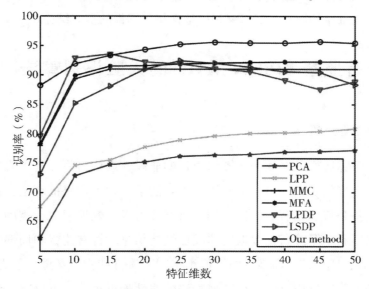

图 4.4　Yale 标准人脸数据库上平均识别率与特征维数曲线图

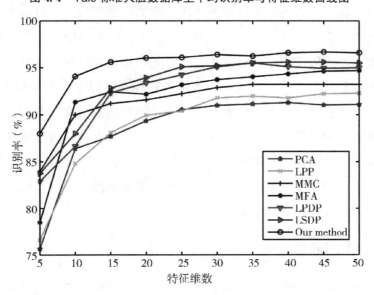

图 4.5　ORL 标准人脸数据库上平均识别率与特征维数曲线图

（3）由于有监督的降维算法考虑了数据局部差异性和空间结构信息，因此在所有情况下都能获得较高的正确识别率。这也表明该算法能提取更具有区分能力的特征，能获得更好的人脸识别性能。另外，各种算法的正确识别率都随特征维数的变化而变化，有监督的降维算法正确识别率随特征维数的变化较为平稳，性能比较稳定。

有监督的降维算法考虑了局部差异结构信息，并利用二维离散拉普拉斯图的光滑正则化的思想作为数据降维的约束策略。该算法在最小化局部判别离散度和最大化局部差异判别离散度的同时提取判别投影方向。与经典的基于流形学习算法相比较，该算法不仅有效地保持了局部结构属性，而且又很好地保持了图像的空间结构。

4.4　基于有监督 LPP 和 MMC 的人脸识别算法

4.4.1　算法原理分析

基于流形学习算法可以有效表达图像内在的非线性结构，因此基于流形学习的数据降维算法取得了较好的效果。但是由于该降维算法是一种无监督的算法，在模式识别的分类问题上效果不是特别显著。线性判别分析算法可以有效地解决分类问题，但是线性判别分析算法又不利于保持高维数据的非线性结构信息。将有监督的局部保持投影算法与 MMC 算法结合，既保持了高维空间到低维空间的流行结构，又融入了类别监督信息。LPP 算法是一种非线性拉普拉斯特征映射算法的线性逼近算法，可以有效保留原始样本数据的结构信息。有监督的局部保持投影算法是将类标签信息融入算法当中，这样使得算法降维后的低维数据特征具备较好的分类效果。最大间距准则算法的思想是保持特征空间中类间散度与类内散度的差值最大化，其目的都是发现最好的鉴别矢量，并将其作为投影轴的一种投影变换方法，最大间距准则算法保证了样本空间中的类内散度最小，类间散度最大。把有监督的 LPP 算法和最大间距准则算法融合在一起。首先，让有监督的 LPP 算法学习类内散度矩阵和类间散度矩阵，并且使各自的组内边缘样本的距离最大化；其次，最大间距准则算法被用来寻找一个特征空间，这个特征空间能够使相同类别更紧凑，不同类别间距更大；最后，采用有效的求解特征值问题的方法。算法避免了在预处理阶段原图像分辨率大小的改变造成的数据丢失。

4.4.2　类内、类间散度矩阵

局部保持投影算法是一种应用于数据降维和图像识别的流形学习算法，是对拉普拉斯特征映射算法的线性近似。它通过分析流形结构来保持图像空间的局部结构。其思想是在高维数据降维的过程中确保在高维空间中的邻近点映射到低维空间后仍然是邻近的。该方法利用两点间的加权距离作为损失函数来计算低维空间的降维结果。局部保持投影可以保证局部区域数据几何结构的不变性，可以有效地表述高维空间站数据分布的非线性结构。局部保持投影算法首先要构造邻域图表示数据集中的相似关系。图的构造是由点和边的表示来实现的，点描述的是样本数据，如果两个样本数据存在相似关系则建立它们之间的联系，也就是边。每条边上都赋予一定的权值来表示样本间的相似度，利用权值作为约束条件构建邻域矩阵 W。局部保持投影的目标函数如下：

$$\arg\min_A \sum_{i,j}^{N} \| y_i - y_j \|^2 W_{ij} = \arg\min_A \| A^T X L X^T A \| \tag{4.38}$$

这里使 $A^T X D X^T A = I$，$L = D - W$ 是拉普拉斯算子矩阵，并且 $D_{ij} = \sum_j W_{ij}$，X_i 是测量的局部密度，I 是一个单位矩阵，A 是变换矩阵。通过最小特征值来确定 A。

有监督的局部保持投影算法正是在局部保持投影算法的基础上加入了类别信息，进而保证映射到低维空间后样本在高维空间的邻域结合结构不发生变化。算法中的类内散度通过最小化函数表示：

$$\min \frac{1}{2} \sum_{i,j}^{N} \| y_i - y_j \|^2 W_{ij}$$
$$= \min \frac{1}{2} \sum_{i,j}^{N} \| A^T x_i - A^T x_j \|^2 W_{ij} \tag{4.39}$$
$$= \min tr[A^T X (D - W) X^T A]$$
$$W_{ij} = \begin{cases} \exp\left(- \| x_i - x_j \|^2 / t\right), & x_i \in k_1(j) \text{ or } x_j \in k_1(i) \\ 0, & \text{otherwise} \end{cases}$$

这里 W_{ij} 表示两点间的权重值，D 为对角矩阵，D 中的对角元素与 W 通过计算得到，t 是阈值参数，$k_1(i)$ 表示 x_i 的 k_1 同类元素的近邻，令 $S_W = X(D-W)X^T$ 为类内散度矩阵。

在计算高维空间样本分布的规律时，发现同类样本相似性一定很高，分布也比较集中。对于一些类间相邻样本点，也就是这些样本离非同类样本点的距离相对较近，称为类间边缘点。为了使高维数据映射到低维空间后不同类样本能够尽可能地分开，算法中首先寻找类间边缘点。通过约束条件使这些类间边缘点之间的距离最大化，进而保证映射到低维空间后类间距离也最大化。类间散度的计算如下：

$$\max \frac{1}{2} \sum_{i,j}^{N} \| y_i - y_j \|^2 W'_{ij}$$

$$= \max \frac{1}{2} \sum_{i,j}^{N} \| A^T x_i - A^T x_j \|^2 W'_{ij}$$

$$= \max tr[A^T X(D' - W')X^T A] \tag{4.40}$$

$$W'_{ij} = \begin{cases} 1, & x_i \in k_2(j) \, \text{or} \, x_j \in k_2(i) \\ 0, & \text{otherwise} \end{cases}$$

这里，$k_2(i)$ 表示 x_i 的 k_2 个近邻但不是同类的样本点，令 $S_B = X(D'-W')X^T$ 为类内散度矩阵。

4.4.3　最优投影空间

最大间距准则算法是基于线性判别分析算法改进的求解最优投影空间的算法。其目标是使得不同类别样本数据间的平均距离最大化。最大间距准则算法的代价函数如下：

$$d(C_i, C_j) = d(m_i, m_j) - [S(C_i) + S(C_j)] \tag{4.41}$$

公式中，m_i 和 m_j 表示第 i、j 类的样本数据的平均值，$d(m_i, m_j)$ 代表两类之间的距离度量，$S(C_i)$ 和 $S(C_j)$ 表示两个类别的散度矩阵。该公式经过进一步的推导可以表示为最大类间散度和与类内散度的差。推导结果如下：

$$J(A) = tr[A^T(S_B - S_W)A] \tag{4.42}$$

这里 S_B 是类内散度矩阵，S_W 是类间散度矩阵，投影矩阵 A 可以通过计算特征值的方式 $(S_B - S_W)A = \lambda A$ 获得。

由于类内散度矩阵 S_B 和类间散度矩阵 S_W 的矩阵阶数是原始人脸图像行列的乘积，这个数量级在运算时就非常庞大，这也使得矩阵 A 的计算复杂度很高。为了降低投影矩阵 A 的计算复杂度，算法中令 $L_1 = D - W$ 和 $L_2 = D' - W'$，u_i 和 v_i 分别是关于 $L_2 - L_1$ 的第 i 个特征值和特征向量。$U = diag(u_1, u_2, \cdots, u_N)$，$V = [v_1, v_2, \cdots, v_N]$，我们能得到 $L_2 - L_1 = ZZ^T$，其中 $Z = VU^{1/2}V^T$。则得到如下公式：

$$S_B - S_W = X(L_2 - L_1)X^T \tag{4.43}$$

$F = XZ$，FF^T 的大小为 $m \times m$。

因为 F^TF 的大小为 $N \times N$，根据线性代数的知识让 λ_i 和 l_i 为 F^TF 的第 i 个非零特征值和对应的特征向量，$a_i = (\lambda_1)^{-1/2}Fl_i$ 是 FF^T 第 i 个非零特征值对应的特征向量，根据 $rank(F) = r$，$L = [l_1, \cdots, l_r]$，$\Lambda = diag(\lambda_1, \cdots, \lambda_r)$，$A = [a_1, \cdots, a_r]$，可得：

$$A = FL\Lambda^{-1/2} \tag{4.44}$$

最后，从特征向量对应的 A 中选取前 d 个最大特征值对应的特征向量构建投影矩阵。

4.4.4　实验结果与分析

为了检验算法的性能，在 ORL 人脸数据库上与 Fisherface、MFA、SLPP、GPP 算法进行比较。为提高算法计算效率，通过降维方法先将数据库中的人脸图像从 92px×112px 调整到 30px×37px。经过大量的实验统计，实验中将参数 k_1 设置为 3，k_2 设置为 40，核函数 $\exp\left(-\parallel x_i-x_j \parallel^2/t\right)$ 的参数 t 设置为 2，采用近邻分类器进行图像识别。不同算法在不同选择样本数量下的对比结果如图 4.6 和表 4.3 所示。

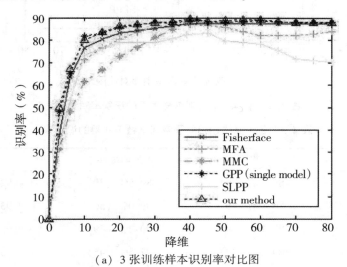

（a）3 张训练样本识别率对比图

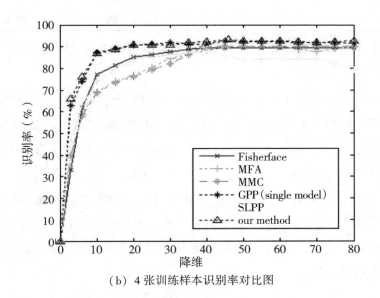

（b）4 张训练样本识别率对比图

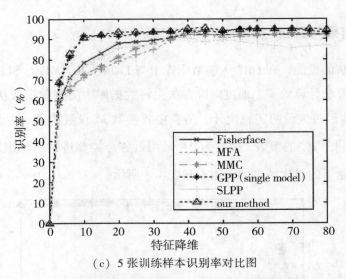

（c）5 张训练样本识别率对比图

图 4.6 不同数量的训练样本下的识别率对比图

表 4.3 各个算法在相同子空间维数下获得的识别率

算法	3 张训练样本	4 张训练样本	5 张训练样本
Fisherface	87.4%（39）	89.5%（39）	92.0%（39）
MFA	87.1%（40）	90.0%（50）	93.3%（42）
MMC	88.1%（39）	90.2%（39）	92.2%（39）
GPP	89.0%（42）	92.5%（45）	95.0%（58）
SLPP	83.2%（45）	89.6%（39）	92.5%（36）
本文算法	89.4%（40）	93.2%（46）	95.6%（45）

从实验结果来看基于有监督 LPP 和 MMC 人脸识别算法的识别性能要优于其他算法。分析其原因主要有以下几点。

（1）MFA、GPP 和我们的算法是相似的，这些算法全都保留了图像局部的几何结构，并且同时找出了能够使分类有效的最佳特征空间。基于有监督 LPP 算法和 MMC 算法的识别算法比 GPP 要好一些。原因在于在原始图像处理上采用了新的投影方法，避免了采用主成分分析算法和压缩分辨率方法找出的数据丢失现象。

（2）基于有监督 LPP 和 MMC 人脸识别算法与 SLPP 和 MMC 相比有更好的性能。原因在于 SLPP 算法只保证了同类样本间的几何结构，对于类间没有过多约束条件，而基于有监督 LPP 和 MMC 人脸识别算法利用类内散度矩阵和类间散度矩阵分别对类内和类间进行了约束，因此分类较好。

（3）Fisherface 是一个众所周知的人脸识别算法，它是 PCA+LDA 的算法。Fisherface 在降维阶段选用的是 PCA 算法进行投影。PCA 算法是一种线性的降维方法，而人脸图像的特征信息在高维空间不仅仅是线性分布，还存在非线性分布。Fisherface 算法在降维过程中将非线性结构分布信息丢失了，因此识别效果较差。

基于有监督 LPP 和 MMC 的人脸识别算法综合了 LPP 算法和 MMC 算法的各自优势，不但保留了类内相邻的几何特征，而且还有极好的辨别性能，并且给出了一个能够有效计算变换矩阵的方法。基于有监督 LPP 和 MMC 的人脸识别算法还避免了在预处理阶段图像分辨率的变化和 PCA 的投影造成的数据丢失。因此，基于有监督 LPP 和 MMC 的人脸识别算法与传统方法相比有着更好的识别性能。

4.5　本章小结

本章主要介绍了基于流形学习的生物特征识别算法。首先，对流形学习的概念、流形学习的特点、线性降维算法和非线性降维算法进行了介绍，使读者能够对基于流形学习的生物特征识别算法的基本流程和关键技术有所了解。在介绍基于流形学习的数据降维算法过程中对 PCA、LDA、LPP 等线性降维算法和 ISOMAP、LE、LLE 等非线性算法进行了详细的阐述，明确了其设计思想及基本原理，重点阐述了各类算法的优缺点和适用情况。本章还以生物特征识别中的人脸识别为例，详细介绍了两种基于流形学习的人脸识别算法。在基于有监督降维的人脸识别算法中就其算法的关键技术进行了系统的分析。首先介绍了局部结构和差异信息投影方法，在高维数据向低维空间投影过程中既保证了局部结构的相似性，又最大限度地保持了局部的差异信息。明确地给出了局部差异图和结构的构建方法。接下来介绍了基于有监督降维人脸识别算法的目标函数及求解过程。在基于有监督 LPP 和 MMC 的人脸识别算法中，引入了类别监督信息，明确了类内散度和类间散度的计算方法，确保投影过程中保持类内样本数据紧凑集中，类间样本数据相对分散。根据最大间距准则算法给出了最优投影空间，并详细阐述了最优投影空间的计算方法。考虑到类内散度矩阵和类间散度矩阵的维数过高问题，给出了投影矩阵的快速计算方法。最后，将两种方法在 Yale 标准人脸数据库和 ORL 标准人脸数据库中进行了验证，与传统算法进行了对比，实验效果都优于传统算法。

基于流形学习的生物特征识别技术研究是具有重要理论价值和应用前景的研究方向。基于流形学习的生物特征识别算法获得了较好的识别效果，尤其是在高维数据空间向低维数据空间进行转换过程中，能够有效地保持高维数据空间流形结构信息。

参考文献

［1］Zhang Z，Zha H. Principal manifolds and nonlinear dimension reduction via local tangent space alignment［J］. SIAM Journal of Scientific Computing. 2004，26（1）：313-338.

［2］Zhang P，Qiao H，Zhang B. An improved local tangent space alignment method for manifold learning［J］. PatternRecognition Letters，2011，32（2）：181-189.

［3］Zhang S. Enhanced supervised locally linear embedding［J］. Pattern Recognition Letters，2009，30（13）：1208-1218.

［4］XiaoFei，et al. Neighborhood preserving embedding［C］. Proceeding of the Tenth. IEEE International Conference on Computer Vision（ICCV' 05），2005.

［5］Niyogi X. Locality preserving projections［C］. Neural information processing systems. 2004.

［6］Zhang T，Yang J，Zhao D，et al. Linear local tangent space alignment and application to face recognition［J］. Neurocomputing，2007，70（7）：1547-1553.

［7］Li H，Teng L，Chen W. Supervised learning on local tangent space［M］. Advances in Neural Networks-ISNN 2005. Springer Berlin Heidelberg，2005：546-551.

［8］Yang Y，Nie F，Xiang S，et al. Local and Global Regressive Mapping for Manifold Learning with Out-of-Sample Extrapolation［C］. AAAI. 2010.

［9］Vin de Silva，Joshua B. Tenenbaum. Global versus local methods in nonlinear dimensionality reduction［C］. Proceedings of the 15th International Conference on Neural Information Processing Systems. 2002.

［10］王超. 基于流形学习的有监督降维方法研究［D］. 合肥：中国科学技术大学. 2009.

［11］宋昱，孙文赟，陈昌盛. 对数变换主成分分析的图像识别［J］. 西安交通大学学报. 2021，55（1）：33-42.

［12］谢永林. LDA 算法及其在人脸识别中的应用［J］. 计算机工程与应用，2010，46（19）：189-192.

［13］He X.，Niyogi P. Locality preserving projections［C］. Proceedings of the 16th International Conference on Neural Information Processing Systems. 2003.

［14］王建忠. 高维数据几何结构及降维（英文版）［M］. 北京：高等教育出版社，2012.

［15］高丽. 评估几种流形学习降维分类器应用于癌症数据的性能［D］. 天津：天津师范大学. 2012.

［16］S. T. Roweis，L. K. Saul. Nonlinear dimensionality reduction by locally linear embedding［J］. Science，2000，290（12）：2323-2326.

［17］Li H F，Jiang T，Zhang K S. Efficient and robust feature extraction by maximum margin criterion［J］. IEEE Transactions on Neural Networks，2006，17（1）：157-165.

［18］S. C. Yan，D. Xu，B. Y. Zhang，et al. Graph embedding and extension：a general framework for dimensionality reduction［J］，IEEE Trans. Pattern Anal. Mach. Intell. 2007，29（1）40-51.

［19］J. Gui，W. Jia，L. Zhu，et al.，Locality preserving discriminant projection for face and palmprint recognition［J］，Neurocomputing ，2010 73 2696-2707.

［20］Q. X. Gao，D. Y. Xie，H. Xiu，et al. Supervised feature extraction based on information fusion of local structure and diversity information［J］，Acta Autom. Sin. 2010，36 1108-1114.

第五章　基于特征选择的生物特征识别算法

5.1　引言

　　生物特征识别技术的基础生物特征数据，对高维的生物图像数据经过流形学习等算法的处理后可以很好地将其投影到低维空间，实现高维数据的降维。但是这些低维空间的数据往往还不能满足生物特征识别的需求。经过降维后的生物特征数据中往往还存在大量的不相关信息和冗余信息。由于这些信息的存在，将直接影响生物特征识别算法的性能和准确率。如何去除这些影响生物特征识别算法性能的信息是提高生物特征识别算法准确性的重要问题。特征选择作为一种数据处理方法，已经被证明在高维数据处理方面能力较强，特征选择算法在模式识别、图像处理、信号处理等领域应用广泛。特征选择就是从高维的特征向量中选择具有相关性和非冗余的特征之集。对生物特征数据进行特征选择可以有效提高识别模型的训练效率，降低识别算法的复杂度。对生物特征数据进行特征选择的目的就是要简化模型的结构、降低模型的训练时间、去除影响生物特征识别的冗余信息和通过防止过拟合现象来增强算法的泛化能力。特征选择的过程就是基于特征的相关性和冗余性从原始特征集合中选择特征子集。特征子集主要包含四类：一是噪声和不相关特征子集；二是冗余特征子集；三是弱相关和非冗余特征子集；四是强相关特征子集。因为噪声特征和冗余特征对于分类识别的结果起到的是负面影响，因此这类特征直接被去除。不相关特征和弱相关特征是相对而言的，这些特征和其他特征可能不存在统计学上的相关性，但是当这些特征与其他特征联合使用时又是相关的，这类特征需要根据算法的实际需求进行选择。强相关特征对于识别算法是非常必要的，它决定了整个识别算法的性能。特征选择的目的就是要寻找最大化相关性和最小化冗余性的特征子集，用于识别模型的构建。特征选择算法主要包括基于搜索策略的特征选择算法和基于评价策略的特征选择算法两大类。基于搜索策略的特征选择算法是对特征集合进行搜索式的寻找，进而发现最优特征子集。这类算法包括全局最优搜索算法、随机搜索算法和启发式搜索算法。基于评价策略的特征选择算法则是基于不同的评价准则对特征进行评价，进而获得最优特征子集。根据特征选择算法是否独立于后续学习算法，可以分为过滤式特征选择算法和封装式特征选择算法两类。按照是否融入样本类别属性进行特征选择的方式，特征选择算法又分为有监督特征选择算法、半监督特征选择算法和无监督特征选择算法三类。有监督特征选择算法通过类别信息有效地搜索类别相关性强的特征，使用这些特征进行数据分类的效果相对较好。无监督特征选择算法是忽略特征属性的类别相关性，基于特征的内部结构信息进行特征选择。无监督特征选择算法往往被应用于类别标签缺失的高维数据的分析。

随着特征选择算法理论研究的不断深入和发展，在生物认证领域基于特征选择的生物特征识别算法也被广泛关注。大量的特征选择算法被提出并应用于生物信息识别，如齐妙等提出的基于多尺度特征选择网络的人脸表情识别算法。该算法充分利用了特征选择结构和多尺度网络结构的特点，来获取人脸图像的特征信息[1]。2016 年，郑蓉提出了基于最小二乘改进的特征选择算法，该算法基于最小二乘法理论利用样本标签信息扩大类间距离，进而提高分类的准确性[2]。林炜星等以数学优化算法中的粒子群优化算法为基础提出了多因子粒子群特征选择算法，将其应用于高维数据的特征选择[3]。2019 年李占山等提出了基于 XGBoost 的特征选择算法，该算法基于极端梯度提升算法理论利用多个重要性指标进行特征评价，避免了单一指标评价的片面性，最后通过搜索算法构建特征子集，该算法选出的特征子集具有较好的分类性能[4]。随着计算机技术的不断发展，相信将来会有更多高效的特征选择算法被提出。

基于特征选择的生物特征识别算法，在特征选择过程中既保留了生物特征数据中的关键特征信息，又去除了噪声数据和冗余信息，这为生物特征识别技术的发展提供了重要的数据保障。基于特征选择算法的生物特征识别算法可以有效降低用于识别模型构建的特征维数，提高生物特征识别算法的计算效率和识别精准度，也是一种非常高效的生物特征识别算法。

5.2　特征选择算法简介

5.2.1　特征选择的概念

特征选择算法作为一种高维数据降维算法，在众多领域都有着广泛的应用。所谓特征选择就是当给定一个样本集合时，样本集中的样本数据有着众多的特征属性，对于要构建的任务模型来说，样本数据的这些特征属性不是全部都有用，这里包含很多噪声数据和冗余信息，将这些特征属性用于构建任务模型，必然会影响模型构建的质量。将样本数据中的这些噪声数据和冗余信息有效地剔除，进而发现对构建任务模型更有效的特征属性就是特征选择。在特征选择中称对建立任务模型有用的特征属性为相关特征，没有用的为无关特征。经过特征选择后的特征子集在构建任务模型时会更好地提高模型的学习性能，提供模型学习的精准度。同时，低维数的特征数据在构建任务模型时可以降低计算成本。

特征选择虽然是一种有效的数据降维算法，但也不是所有的样本特征数据都需要进行特征选择。特征选择的前提是样本特征数据中包含噪声数据和冗余信息，删除这些信息不会造成样本数据关键信息的丢失，不影响构建模型的精准度。特征选择的主要作用有以下几个方面。

（1）去除数据特征属性中的噪声数据和冗余信息，降低任务模型的构建难度，提高任务模型的训练效率，加快任务模型构建速度。

（2）降低数据特征维数后，节省了数据存在的空间和计算的开销，提高了算法的计算性能。高维的特征数据虽然能够训练出更好的任务模型，但会增加任务模型的搜索空间，多数任务模型所需要的训练数据会随着特征属性的增加而出现大幅度增长。

（3）避免过拟合现象。当训练样本数据的特征分布和测试样本数据的特征分布差异性较大时，通过去除标注性强的特征属性有利于避免过拟合现象发生。

（4）有利于任务模型的解释。数据特征属性越少，越有利于对任务模型的理解。

在生物特征识别算法中使用的特征选择算法大致可以分为四步。第一步是在特征提取后得到的特征属性数据集中产生特征属性集或特征属性子集的候选集合。第二步是通过评价算法对特征属性或特征属性子集进行评价。评价算法是判定特征属性或特征属性子集优劣的重要依据，评价特征属性或特征属性子集的优劣一般通过判断特征属性和目标变量之间的联系及特征属性之间的相互关系。为了避免过拟合现象的发生，通常采用交叉验证的形式来进行评价。第三步是停止准则，也就是经过判定确定已经找到了最优特征属性或最优特征属性子集则停止搜索或筛选。一般通过阈值法来进行判定。第四步就是特征属性或特征属性子集的验证，这一步是在测试数据集上验证选择的特征属性或特征子集是否有效。特征选择算法的基本流程如图5.1所示。

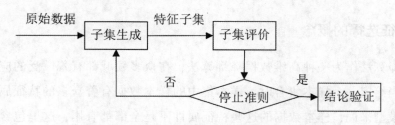

图 5.1　特征选择算法的基本流程

5.2.2　基于搜索策略的特征选择算法

特征选择算法的搜索策略按照特征选取的过程，一般可以分为全局搜索策略、随机搜索策略和启发式搜索策略三类。全局搜索策略是在事先确定要选择的特征数量的前提下进行搜索最优特征子集，这也是基于搜索策略的特征选择算法的弊端，因为事先很难确定最优特征子集中特征的数量。全局搜索策略在高维多分类问题中算法的时间复杂度会非常高。全局搜索算法虽然能够找到最优特征子集，但由于算法计算效率较低，很难被大范围使用。随机搜索策略一般结合模拟退火算法、遗传算法、禁忌搜索算法等优化算法进行，通常以概率推理和采用过程作为算法的基础理论。随机搜索算法具有较高的不确定性和不可重复性，只有当迭代次数足够大时才具备一定的稳定性，获得较好的效果。启发式搜索策略是一种有利于应用的特征选择策略，该类算法考虑了特征间的统计相关性，并且收敛速度快，具备一定的稳定性。启发式搜索策略的缺点是放弃了全局最优解。不同的搜索策略都有着其自身的优势，实际应用中应该根据自身需求来选择。基于搜索策略的代表性特征选择算法有分支定界法、遗传算法、模拟退火法、蚁群算法等。下面介绍几种典型的算法。

1. 分支定界法。

分支定界法是 20 世纪 60 年代提出的求解整数线性规划最优解的经典算法（图 5.2）。该算法使用灵活、便于计算。分支定界法的设计思想是对全部的解空间进行不断地分割，将其划为越来越小的子集，这里称为分支。在每一子分支上再划定它的上界或下界，这就称为定界。在每个分支中若存在已知解集的目标值不能达到当前分支的界限，则将这个子集做舍弃处理，在算法中称为剪枝。这种将全局的整体问题分解为局部的子问题，并对子问题进行定界的算法称为分支定界法。分支定界法中对于整体的搜索树的某些个点必须进行决策，当所有可行解都不符合该定界范围时就需要进行分支，也就是分支策略。分支策略一般有两种选择。第一种是从最小的下界进行分支，在每次计算完分支的界限后，比较所有的叶子节点的界限，从所有叶子节点中找出界限值最小的一个节点，将其作为下一个分支的节点。这种策略的优点是需要搜索的子问题相对较少，能够快速找到最优解。但是此种算法需要大量叶子节点的界限进行矩阵存储，会占用大量的资源。第二种策略就是从最新生成的最小下界节点进行分支。该策略是在最新生成的所有子集中按照顺序选择节点进行分支，当遇到下界比上界还大的节点时，则不进行分支操作。该类算法节省了空间但耗费了时间。

分支定界法的优点是能够计算全局最优解，但是计算效率相对较低，而且由于叶子节点的界限值要存在，所以对存储空间的要求较高。分支定界法能够解决大量的组合优化问题，该算法解决问题的关键点在于节点分支的估计，当这些参数设置不恰当时分支定界法就变成了全局的穷举算法。

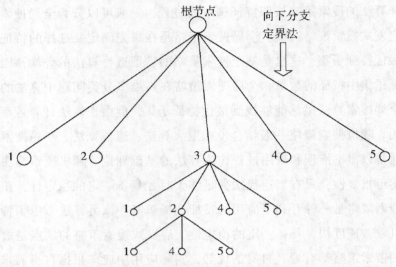

图 5.2　分支定界法示意图

2.　遗传算法。

遗传算法[5] 是一种常用的解决优化问题的智能算法，它通过模拟自然界中生物的进化过程来实现最优解的搜索，全局搜索能力较强，同时可以避免陷入局部最优。遗传算法的步骤主要包括种群的选择、遗传交叉操作、遗传变异操作三个部分。图 5.3 给出了遗传算法的基本流程图。

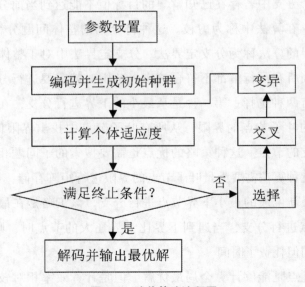

图 5.3　遗传算法流程图

（1）种群的选择。

遗传算法中种群的选择包括两个选择：一个是初始种群的选择，可以采用随机算法自动生成初始种群，或者是根据先验知识设计种群；另一个是新种群选择，通常采用的是适应比例的选择机制，即利用个体的目标函数值在整个种群中所占的比例进行选择，占有的比例越大，被选择的概率就越高。反之，概率就越低。

对于规模为 n 的种群 $A = \{a_1, a_2, \cdots, a_n\}$，$a_j \in A$ 的目标函数值为 $F(a_j)$，其选择概率计算方法如下：

$$p_s(a_j) = \frac{F(a_j)}{\sum_{i=1}^{n} F(a_i)}, \ j = 1, \ 2, \ \cdots, \ n \tag{5.1}$$

（2）遗传交叉操作。

在遗传算法中交叉重组操作是生成新的优良个体的主要手段。只有通过基因的交叉重组才能不断地提高算法的搜索能力。交叉操作机制的合理与否直接关系着遗传算法质量的好坏。标准遗传算法的交叉模式是先从父代种群中选择一部分个体组成交配池，然后让交配池中的不同个体进行交叉生成新的种群，最后根据选择机制从中选出部分个体替代原种群。这种经典的交叉方式属于同代交叉。

（3）遗传变异操作。

变异操作是模拟生物进化过程中的基因突变现象，进而改变个体的结构和特性，也是一种生成新个体的有效手段。同时，变异操作还可以防止算法的过早收敛。在变异操作中变异率通常设置为较小的值，当达到变异条件时，在进行变异操作的个体中随机选择多个变异点，对处于变异点上的基因编码进行取反或随机等操作生成新的个体。

3. 模拟退火算法。

根据 Metropolis 准则，粒子在温度趋于平衡时的概率为 $e - \Delta E / (kT)$，其中 E 为温度 T 时的内能，ΔE 为其改变量，k 为 Boltzmann 常数。用固体退火模拟组合优化问题，将内能模拟为目标函数值 f，温度 T 演化成控制参数，即得到求解组合优化问题的模拟退火算法[6]。通过初始解开始进行邻域内的搜索，利用随机因素和一定的解接受标准来接受新的解。用退火过程中的温度调节来控制求解的过程向着最优解的方向发展。在程序迭代的过程中接受使目标函数值变好的解，同时还要以一定的概率接受次优解，对这类解的接受概率是随着温度的变化逐渐地进行调整，从而避免算法陷入局部最优的情况。由于是模拟固体物质的退火过程，所以退火温度要缓慢地降低，这样才能保证算法搜索到的是全局最优解。图 5.4 为模拟退火算法流程。

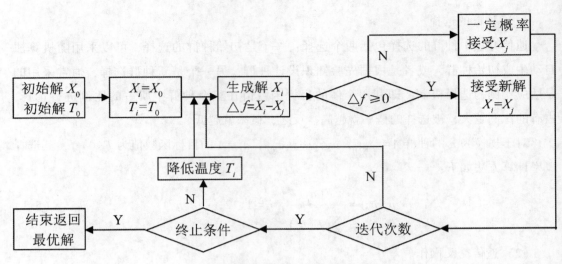

图 5.4　模拟退火算法流程

4．蚁群算法。

蚁群算法也是一种智能的优化算法，该算法最早是用来解决旅行商问题的，经过长期的发展在优化问题求解、数据分析、模式识别、交通等领域有着广泛的应用[7]。在算法的初期经 m 个蚂蚁随机分配到 n 个点，同时将蚂蚁禁忌表 A 的第一个单元定义为它所在的点。这时在每个路径上的信息素的量是相等的。一般将信息素值 τ_{ij}（0）设置为较小的数值，然后每只蚂蚁根据路径上的信息素的量和两个点间的距离信息选择要去的下一个点，在 t 时刻蚂蚁 k 从 i 点到 j 点的概率为 p_{ij}^k（t）。

$$p_{ij}^k(t) = \begin{cases} \dfrac{[\tau_{ij}(t)]^\alpha \cdot [\eta_{ij}(t)]^\beta}{\sum_{s \in J_k(i)} [\tau_{is}(t)]^\alpha \cdot [\eta_{is}(t)]^\beta}, & j \in J_k(i) \\ 0, & \text{其他} \end{cases} \tag{5.2}$$

这里 $J_k(i) = \{1, 2, \cdots, n\} - tabu_k$ 是蚂蚁 k 下一步可去的点的集合。$tabu_k$ 负责记录蚂蚁 k 经过的点的轨迹。当中 $tabu_k$ 显示了全部点时，表明蚂蚁 k 找到了一个可行路径，也就是可行解。η_{ij} 是启发因子，表示从 i 点到 j 点的数学期望，其值一般设置为两点间距离的倒数。α 和 β 为权重系数，表示信息素和期望值的重要性。当 m 个蚂蚁都完成了找到可行路径后，τ_{ij} 可以根据如下公式进行更新。

$$\tau_{ij}(t + n) = (1 - \rho) \cdot \tau_{ij}(t) + \Delta\tau_{ij} \quad \Delta\tau_{ij} = \sum_{k=1}^m \Delta\tau_{ij}^k \tag{5.3}$$

这里 ρ 为增发系数，$1-\rho$ 为持久性系数。$\Delta\tau_{ij}$ 为从 i 点到 j 点的信息素增量，$\Delta\tau_{ij}^k$ 为蚂蚁 k 在 i 点到 j 点的信息素的量。当蚂蚁 k 没有从 i 点到 j 点时 $\Delta\tau_{ij}^k = 0$。$\Delta\tau_{ij}^k$ 的计算通过如下公式完成。

$$\Delta\tau_{ij}^{k}=\begin{cases} Q/L_K, & \text{蚂蚁 } k \text{ 经过 } ij \text{ 点时} \\ 0, & \text{其他} \end{cases} \quad (5.4)$$

蚁群算法是将反馈原理和启发原理进行了有效的结合，在寻找最优解的过程中既利用了信息素的信息，又用到了启发信息。蚁群算法的流程如图 5.5 所示。

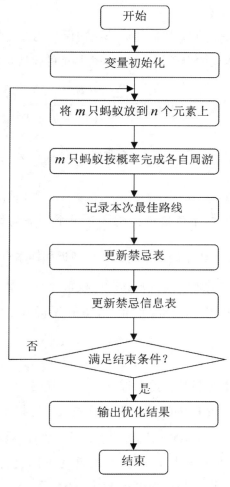

图 5.5　蚁群算法流程

5.2.3　基于评价策略的特征选择算法

基于评价策略的特征选择算法通过评价机制来判定特征的优劣。这类特征选择算法又可以分为过滤式算法和封装式算法。过滤式特征选择算法利用数据自身的特点进行特征评价，通常采用距离度量、依赖性度量、信息度量和一致性度量的方式评价特征。过滤式特征选择算法与后续的识别算法无关，该类算法计算速度快、效率高，但因与后续识别算法无关可能会与后续识别算法的偏差较大。封装式特征选择算法依赖于后续的识别算法来完成特征评价，通过识别算法的训练结果评价特征子集的优劣。由于封装式特征选择算法子集是依据识别算法，所以基于此类算法选择的特征子集构建的模型识别性能较好。但是封装式特征选择算法的计算效率相对较慢，算法复杂度较高，泛化能力较差。下面介绍几种典型的基于评价策略的特征选择算法。

1. 拉普拉斯得分法。

拉普拉斯得分法[8]（LS）依据特征的局部结构保持能力衡量特征的重要程度。拉普拉斯得分法假设同类的样本彼此距离较近，第 r 个特征的拉普拉斯得分定义如下：

$$\text{Laplacian}(F_r) = \frac{\sum_{i,j}(F_n - F_{rj})^2 w_{ij}}{\sum_i (F_{ri} - \overline{F}_r)^2 D_{ii}} \tag{5.5}$$

$$w_{ij} = \begin{cases} 1 \text{ 或 } \exp\left(-\dfrac{\parallel x_i - x_j \parallel^2}{t}\right), & x_j \text{ 是 } x_i \text{ 的近邻点} \\ 0, & \text{其他情况} \end{cases} \tag{5.6}$$

其中，F_{ri} 为样本 ii 在特征 F_r 下的取值，$\overline{F}_r$ 为第 r 个特征的均值，D 为对角阵，$D_{ii} = \sum_{j=1}^n w_{ij}$，$t$ 为权重参数。W 刻画数据局部结构，如果两近邻样本点距离较近，则其对应权重则较大。如果两近邻样本点距离较远，则其对应权重较小。对于每个特征，拉普拉斯得分代表其保持局部结构的能力。由公式可知，拉普拉斯得分越低表示特征保持局部结构的能力越强，这个特征越"好"。

2. ReliefF 得分算法。

ReliefF 得分算法的基本思想是，数据样本在一个好的特征下与同类样本距离较近，与不同类样本距离较远[9]。在 ReliefF 算法中，首先从训练样本中随机选择一个样本 x_i；然后在训练样本中找出 x_i 的 k 个最近的同类样本，这 k 个样本被称为 Nhits，H_j（$j=1$，2，$\cdots$，k）；并在训练样本中找出样本 x_i 的 k 个最近的不同类样本，这 k 个样本被称为 Nmisses，M_j（$j=1$，2，$\cdots$，k）。最后根据 x_i 与 Nhits、x_i 与 Nmisses 之间的距离关系更新特征的权重（或得分）。权重更新是一个重复迭代的过程，随机抽取样本 l 次，最后得到这个特征的平均权重。假设样本属于 C 个不同的类别，则第 r 个特征的 ReliefF Score 迭代更新公式为：

$$\text{ReliefF}(F_r) = \text{ReliefF}(F_r) - \sum_{j=1}^k \text{diff}_r(x_i, H_j)/lk +$$

$$\sum_{z=1, z \neq \text{class}(x_i)}^C \frac{p(z)}{1 - P(\text{class}(x_i))} \sum_{j=1}^k \text{diff}_r(x_i, M_{zj})/lk \tag{5.7}$$

其中，$\text{diff}_r(x_i, H_j)$ 表示样本 x_i 与属于同类的第 j 个近邻 H_j 在特征 F_r 下的距离，M_{zj} 表

示属于第 z 类（x_i 不属于 z 类）的第 j 个近邻，$diff_r$（x_i，M_{zj}）表示样本 x_i 与属于 z 类（x_i 不属于 z 类）的第 j 个近邻在特征 F_r 下的距离，class（x_i）表示样本 x_i 的类别，p（z）表示第 z 类样本的先验。

由公式可知，如果样本 x_i 与 Nmisses 在某个特征下的距离较大而与 Nhits 在某个特征下的距离较小，那么相应的 ReliefF 得分就大。ReliefF 得分越大，则这个特征携带的判别信息就越多，这个特征就越"好"。

3. T-test 算法。

T-test 算法是一种用 t 分布理论来推断假设是否成立，从而比较两个平均数的差异是否显著的统计假设方法。假设全体样本均值等于某特定值，通过以下公式度量第 r 个特征的重要性：

$$\text{Ttest}(F_r) = \frac{m_+^r - m_-^r}{\sqrt{\frac{(\sigma_+^r)^2}{n_+} + \frac{(\sigma_-^r)^2}{n_-}}} \tag{5.8}$$

其中，n_+ 和 n_- 是正负样本的样本数，m_+^r、m_-^r、σ_+^r 和 σ_-^r 分别是正样本在第 r 个特征下的均值、负样本在第 r 个特征下的均值、正样本在第 r 个特征下的标准差和负样本在第 r 个特征下的标准差。如果数据在特征下不同两类的均值差异大，而同类样本的方差较小，说明这个特征是一个"好"的特征。

4. 皮尔逊相关系数法。

皮尔逊相关系数（Pearson Correlation Coefficient，PCC）[10] 是用来度量两个变量之间线性相关程度的统计计算方法。特征 F_i 和 F_j 的皮尔逊相关系数定义如下：

$$P_{F_i F_j} = \frac{\sum_{k=1}^{n} (F_{ik} - \overline{F_i})(F_{jk} - \overline{F_j})}{\sqrt{\sum_{k=1}^{n} (F_{ik} - \overline{F_i})} \sqrt{\sum_{k=1}^{n} (F_{jk} - \overline{F_j})}} \tag{5.9}$$

其中，n 为总样本数，F_{ik} 为样本 k 在特征 F_i 下的取值，F_{jk} 为样本 k 在特征 F_j 下的取值，$\overline{F_i}$ 和 $\overline{F_j}$ 为样本在特征 F_i 和 F_j 下的均值。皮尔逊相关系数的取值范围是 [-1，1]。当皮尔逊相关系数为负时称为负相关，F_i 会随着 F_j 的增大而减小；当皮尔逊相关系数为正时，称为正相关，F_i 会随着 F_j 的增大而增大。皮尔逊相关系数绝对值的大小表示相关的程度，绝对值为 0 表示不存在线性相关关系，为 1 时表示完全线性相关。皮尔逊相关系数通常用来度量变量间的线性相关性，但也可应用在特征选择问题中。对于特征选择问题，则通过度量某个特征与类标签的皮尔逊相关系数来进行特征选择，如果某个特征与类标签之间的皮尔逊相关系数大，则这个特征与类别相关程度较大，这个特征就是一个"好"的特征。

5.2.4 有监督特征选择算法

1. Fisher 得分算法。

Fisher 得分算法[11]是一种依据 Fisher 准则给特征判别能力打分的有监督特征选择算法。Fisher 准则一方面最大化类间离散程度，另一方面最小化类内离散程度，是一种全局的线性准则。第 r 个特征的 Fisher 得分定义如下：

$$\text{Fisher}(F_r) = \frac{\sum_{i=1}^{C} n_i (m_r^i - m_r)^2}{\sum_{i=1}^{C} n_i (\sigma_r^2)^2} \qquad (5.10)$$

其中，C 为样本的类别总数，n_i 代表第 $i (i = 1, \cdots, C)$ 类样本的样本个数，$\sum_{i=1}^{C} n_i = n$，m_r^i 表示第 i 类样本在第 r 个特征下的均值，m_r 表示样本在第 r 个特征下的整体均值，σ_r^i 表示第 i 类样本在第 r 个特征下的方差。

Fisher 得分算法通过样本在特征下的分布来确定特征的重要性。在公式（5.10）中，$\sum_{i=1}^{C} n_i (\sigma_r^2)^2$ 是数据在第 r 个特征下类内离散程度，而 $\sum_{i=1}^{C} n_i (m_r^i - m_r)^2$ 则体现了数据在第 r 个特征下类间离散程度。对于分类问题来说，能够使数据类内离散程度小而类间离散程度大的特征是"好"的特征。Fisher 得分值越大表明特征越好。

2. 约束得分算法。

约束得分算法[12]（CS）所选出的特征具有较好的约束保持能力。这里的约束代表样本属于同类或异类的关系。在实际应用中，样本之间成对的约束关系更容易获得。给定数据集合，构建 Must-link 约束集 Must-link = { $(x_i, x_j) \mid x_i$ 与 x_j 类别相同} 和 Cannot-link 约束集 Cannot-link = { $(x_i, x_j) \mid x_i$ 与 x_j 类别不相同}。

第 r 个特征的约束得分定义如下：

$$\text{Constraint}(F_r) = \frac{\sum_{(x_i, x_j) \in \text{Must-link}} (F_{ri} - F_{rj})^2}{\sum_{(x_i, x_j) \in \text{Cannot-link}} (F_{ri} - F_{rj})^2} \qquad (5.11)$$

其中，F_{ri} 表示样本 i 在第 r 个特征下的取值。如果两个样本之间的关系属于 Must-link，则两个样本应该很近；如果两个样本之间的关系属于 Cannot-link，则这两个样本应该离得远，因此约束得体越小表示特征的约束保持能力越强。

3. 基尼系数得分算法。

基尼系数得分算法[13]（In fo Gain）是一种基于基尼指数（GiniIndex）的有监督特征选择算法。假设原始样本集 X 属于 C 个不同的类别，则 X 的基尼指数定义为：

$$\text{GiniIndex}(X) = 1 - \sum_{i=1}^{C} p_i^2 \qquad (5.12)$$

其中 p_i 为 X 中样本属于第 i 类的概率，令 n_i 为第 i 类的样本个数，n 为样本总数，则 p_i $=\dfrac{n_i}{n}$。

基尼指数也表示集合中样本所属类别的"不纯度"。当集合中所有样本都属于同一类时，集合的"不纯度"为 0，基尼指数取得最小值为 0。对于第 r 个特征，按其取值将数据集 X 划分为 C 个子集 X_i'（$i=1$，$\cdots$，C），n_i' 为划分后第 i 个子集的样本数。则划分后集合 X 的基尼指数为：

$$\sum_{i=1}^{C} \frac{n_i'}{n} \mathrm{GiniIndex}(X_i') \tag{5.13}$$

遍历特征 F_r 的所有取值，获得集合 X 划分后的基尼指数即是该特征的基尼系数得分。能取得较小基尼系数得分的特征就是要寻找的特征。

4. 最大相关最小冗余算法。

最大相关最小冗余算法是最为典型的基于空间搜索的特征选择算法。最大相关就是特征与类别相关度大，特征能最大限度反映样本类别信息；最小冗余指特征间相关度小。最大相关最小冗余算法使用互信息度量特征的相关性与冗余度，使用信息差和信息熵构建特征子集的搜索策略。

最大相关最小冗余算法中最大相关和最小冗余定义分别如下：

$$\max \quad D(F, c), \quad D = \frac{1}{|F|} \sum_{x_{i \in S}} I(f_r, c) \tag{5.14}$$

$$\min \quad R(F), \quad R = \frac{1}{|F|^2} \sum_{f_r, f_0 \in F} I(f_r, f_0) \tag{5.15}$$

其中，F 为特征集合，c 为样本类别，$I(f_r, c)$ 表示特征 f_r 与类别 c 之间的互信息，$I(f_r, f_o)$ 表示特征 f_r 与特征 f_c 之间的互信息。

给定两个随机变量 x 和 y，设它们的概率密度分别为 $p(x)$，$p(y)$ 和 $p(x, y)$，则它们之间的互信息定义如下：

$$I(x, y) = \iint p(x, y) \log \frac{p(x', y)}{p(x)p(y)} \mathrm{d}x\mathrm{d}y \tag{5.16}$$

最大相关最小冗余算法的评价函数如下：

$$\max \quad \Phi_1(D, R), \quad \Phi_1 = D - R$$
$$\max \quad \Phi_2(D, R), \quad \Phi_2 = D/R \tag{5.17}$$

5.3　基于特征选择的虹膜识别算法

基于特征选择的生物特征识别算法可以在特征提取算法的基础上，有效地选择生物特征数据的重要特征属性，去除特征集合中的噪声数据和冗余信息。本章以生物特征中的虹膜为例介绍一种基于多种特征选择算法融合的虹膜识别算法。基于虹膜图像的特殊性，目前大多数虹膜识别算法都把研究的重点放在如何提取有效特征来提高虹膜的识别性能上。特征提取是虹膜识别系统的重要过程，为虹膜图像的有效识别提供了数据基础。但是无论采用何种算法提取的特征信息都会包含大量的冗余信息和噪声信息。本章将通过改进的遗传算法与粒子群优化算法的有效融合来挖掘虹膜图像中的重要特征，进而建立虹膜识别模型。

5.3.1 算法原理及流程

基于特征选择的虹膜识别算法分为两个阶段：模型训练阶段和识别阶段。在训练阶段，首先对虹膜图像进行预处理操作，主要是利用小波模极大值的算法进行虹膜有效区域定位。然后，对虹膜有效区域进行特征提取，算法中采用多尺度 Gabor 滤波器提取虹膜的统计特征，然后分别利用 GA 和 PSO 进行特征选择，形成特征子集，最后利用特征子集进行识别模型的构建。在识别阶段，首先对测试样本同样进行预处理和特征选择操作，最后对通过训练得到的识别模型进行身份认证。基于特征选择的虹膜识别算法流程如图5.6 所示。

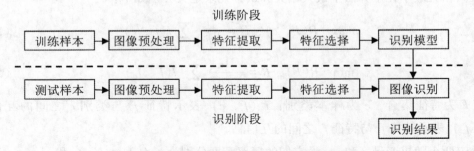

图 5.6 基于特征选择的虹膜识别算法流程

5.3.2 图像处理与特征提取

在虹膜图像采集过程中，由于人眼结构的特点会使得采集的图像中出现光斑、眼睑、瞳孔、睫毛等非虹膜结构的组织。受采集设备、拍摄角度和环境等因素的影响，图像中虹膜的位置及大小会有所不同。因此，需要对采集到的虹膜图像进行预处理。虹膜图像预处理工作主要有瞳孔边界定位、虹膜外边界定位、虹膜归一化及多尺度 Gabor 滤波器提取特征四部分。

1. 瞳孔边界定位。

对于瞳孔边界的定位，首先利用小波变换计算小波变换模极大值图像，并对模图像进行二值化处理，然后利用形态学方法对二值图像进行修正，最后利用 Hough 变换求得瞳孔边界。定位过程如图 5.7 所示。

（1）求小波变换模极大值图像［图 5.7（b）］。

（2）二值化，利用形态学操作消除短线和单点，结果如图 5.7（c）所示。

（3）利用 Hough 变换定位瞳孔边界，图 5.7（d）中白色圆圈即为定位结果。

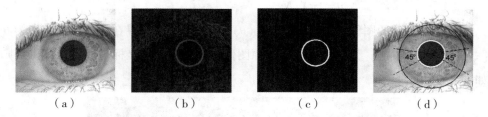

（a）　　　　　　（b）　　　　　　（c）　　　　　　（d）

图 5.7　虹膜定位［（a）原始图像；（b）模图像；（c）二值化；（d）外边界图］

2. 虹膜外边界定位。

在虹膜图像的外边界定位上，首先采用边缘检测和形态学方法进行粗定位，然后再利用 Hough 变换进行精确定位。具体过程如图 5.8 所示。

（1）为了虹膜外边界检测快速准确，这里选择被眼睫毛和眼睑遮挡最少的区域用于边界检测，结果如图 5.8（a）所示。

（2）利用边缘检测和形态学操作进行边缘检测和去短边操作，结果如图 5.8（b）所示。

（3）由大量实验统计得出，虹膜半径 I_r 满足 $80 \leqslant I_r \leqslant 150$。因此在边缘图像 F 中，如果 $f(x, y) - f(x_c, y_c) > 150$ 或 $f(x, y) - f(x_c, y_c) < 80$，则 $f(x, y) = 0$，这里 $f(x, y)$ 表示在边缘图像中像素值为 1 的点，$f(x_c, y_c)$ 表示图像的中心点。同时，将满足上述条件的 $f(x, y-1)$ 和 $f(x, y+1)$ 置为 1，结果如图 5.8（c）所示。

（4）最后利用 Hough 变换定位虹膜外边界，结果如图 5.8（d）所示。

（a）　　　　　　（b）　　　　　　（c）　　　　　　（d）

图 5.8　虹膜外边界定位

3. 虹膜归一化。

为了消除虹膜图像中存在的旋转、缩放和平移等问题，实现虹膜的精确匹配，必须对虹膜图像进行归一化处理。算法中以瞳孔的中心为圆心，虹膜的内外边界为起点和终点定义 N 个同心圆。然后以圆心为出发点，以 $2\pi/M$ 为角度，在 N 个同心圆上分别设定 M 个采样点，这里 M 为常数。通过这样的采集，每个虹膜图像可以构成一个 $M \times N$ 的矩阵，从而实现虹膜图像的归一化。具体转换公式如下：

$$I_n\ (X,\ Y)\ =I_0\ (x,\ y),$$

$$x=x_p\ (\theta)\ +\ [\ x_i\ (\theta)\ -x_p\ (\theta)\ ]\ \frac{Y}{M},$$

$$y=y_p\ (\theta)\ +\ [\ y_i\ (\theta)\ -y_p\ (\theta)\ ]\ \frac{Y}{M},\tag{5.18}$$

$$\theta=2\pi X/N$$

其中，I_n 为归一化后的图像，$[\ x_p\ (\theta),\ y_p\ (\theta)\ ]$ 为虹膜内边界在原图像中方向为 θ 的坐标，$[\ x_p\ (\theta),\ y_p\ (\theta)\ ]$ 为虹膜外边界在原图像中方向为 θ 的坐标。通过计算得到归一化图像如图 5.9 所示。

图 5.9　虹膜归一化图像

通过对大量虹膜图像的统计发现，在虹膜图像中 $-35°\sim+10°$ 和 $+170°\sim+215°$ 的区域几乎不存在遮挡问题，因此选择该区域作为虹膜的有效识别图像。采集的图像如图 5.10 所示。

图 5.10　虹膜图像的有效识别区域

4. 多尺度 Gabor 滤波器提取特征。

Gabor 滤波器是一个强大的纹理分析工具。对虹膜的纹理信息来说纹理方向非常重要。算法采用多尺度 Gabor 滤波器提取虹膜图像的特征。具体方法如下：

$$G\ (x,\ y,\ \sigma,\ F)\ =\frac{1}{2\pi\sigma^2}\exp\left\{-\frac{x^2+y^2}{2\sigma^2}\right\}\cdot\exp\left\{2\pi iF\ (\sqrt{x^2+y^2})\right\}\tag{5.19}$$

其中，$i=\sqrt{-1}$，F 是中心频率，σ 是高斯标准差。

在特征提取前，分割出的两个重点区域被合并成一个区域，然后将其分解成上下两个区域。由观察可知，虹膜的内边界到外边界的纹理由精细到粗糙，这就表示重点区域的上部区域比下部区域含有更多的纹理。所以小尺度 Gabor 滤波器被用于上部纹理检测，大尺度 Gabor 滤波器被用于下部纹理检测。滤波后的图像分为实部和虚部，结果如图 5.11 所示。

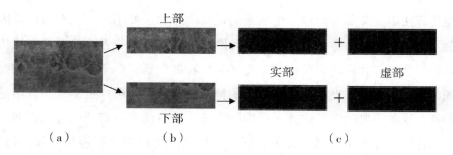

图 5.11 处理后的虹膜图像

熵是纹理描述中的重要统计量，其定义如公式所示：

$$\text{Entropy}: e = -\sum_{i=0}^{L-1} p(z_i)\log_2(z_i) \tag{5.20}$$

其中，z_i 是随机强度指示变量，$p(z)$ 是区域里亮度级直方图，L 是亮度级概率值。

在每一个过滤图像首先是分为 16 个 16×16 大小的块，然后计算每块的熵值。因此，每位用户有 64（16×4）维提取出的特征值。

5.3.3 基于 GA 和 PSO 算法的特征选择

特征提取后得到了每张虹膜图像的特征向量。但是，不是所有的特征都对识别有着积极的贡献，因为特征的冗余性反而会使得最终的识别率有所下降，因此必须对特征进行筛选，降低特征的冗余性。识别算法中分别使用遗传算法和粒子群优化算法进行特征选择。

1. 基于 GA 的特征选择。

遗传算法是常用的一种解决优化问题的智能算法，它通过模拟自然界中生物的进化过程来实现最优解的搜索，全局搜索能力较强，同时可以避免陷入局部最优。为了避免传统遗传算法中经常出现的过早收敛现象，对传统遗传算法进行了改进。

（1）种群的选择。

遗传算法中种群的选择有两个：一个是初始种群的选择，采用随机算法自动生成初始种群；另一个是新种群选择，采用的是适应比例的选择机制，即利用个体的目标函数值在整个种群中所占的比例进行选择，占有的比例越大，被选择的概率就越大。

对于规模为 n 的种群 $A = \{a_1, a_2, \cdots, a_n\}$，$a_j \in A$ 的目标函数值为 $F(a_j)$，其选择概率计算方法如下：

$$p_s(a_j) = \frac{F(a_j)}{\sum_{i=1}^{n} F(a_i)}, \quad j = 1, 2, \cdots, n \tag{5.21}$$

（2）交叉操作。

在遗传算法中交叉重组操作是生成新的优良个体的主要手段。只有通过基因的交叉重组才能不断地提高算法的搜索能力。交叉操作机制的合理与否直接关系着遗传算法的质量好坏。标准遗传算法的交叉模式是先从父代种群中选择一部分个体组成交配池，然后让交配池中的不同个体进行交叉生成新的种群，最后根据选择机制从中选出部分个体替代原种群。这种经典的交叉方式属于同代交叉。但目前还没有理论可以证明采用同代交叉的方式比隔代交叉方式效果更好，同代个体之间进行交叉很容易使算法过早收敛，从而丧失进化能力。因此，算法对标准遗传算法的交叉操作过程进行了改进。首先从初始种群中选择最优个体，用最优个体与种群进行交叉生成新的种群，然后在新种群中选择优于当前最优个体的基因组合替代当前最优个体，最后根据一定的概率在交叉结果中选择新的个体构成新种群。该交叉过程使得当前最优个体始终参与遗传操作，保证了算法的搜索过程是向着最优解的方向进行的。具体交叉算法如下：

步骤1：在种群 $A = \{a_1, a_2, \cdots, a_n\}$ 中选择个体 a_i 和当前最优个体 a_{max}。

步骤2：随机生成多个交叉点（采用多点交叉）。

步骤3：将个体 a_i 和当前最优个体 a_{max} 中处于交叉点位的基因或基因片段进行交换，生成新的个体。

（3）变异操作。

变异操作是模拟生物进化过程中的基因突变现象，进而改变个体的结构和特性，也是一种生成新个体的有效手段。同时变异操作还可以防止算法过早收敛。在变异操作中变异率通常设置为较小的值，当达到变异条件时，在进行变异操作的个体中随机选择多个变异点，对处于变异点上的基因编码进行取反操作生成新的个体。由于在算法中采用了最优个体保留机制，所以在变异操作中，可以加大在当前最优解附近的搜索概率，不用考虑会破坏当前的最优个体。

在改进的遗传算法中，利用目标识别的准确率作为评价个体的目标函数，采用最大目标函数值作为特征选择的结果。利用改进的遗传算法进行特征选择，可以很好地避免出现算法过早收敛的现象，从特征选择结果上来看可以有效去除特征向量中存在的冗余信息。

2. 基于 PSO 的特征选择。

粒子群优化（Particle Swarm Optimization，PSO）算法最初是通过模仿鸟类群体捕食的行为诞生的。PSO 算法的规则很简单，每一个粒子都实现设定好速度和位置信息，基于每个粒子的基本信息去搜索两个最优解：一个是个体的最优解，一个是群体的最优解。每个粒子有三个运动方向可以选择，首先可以坚持沿着粒子自身的方向运动，其次是向着个体最优解的方向运动，最后一个是向着群体最优解的方向运动。

在粒子群优化算法中，首先根据需要随机生成一定数量的粒子，然后通过迭代的方式寻找最优解。在迭代过程中通过判断个体最优解和群体最优解进行更新。对于第 i 个粒子的位置信息通常可以定义为 $X_i = (x_{i1}, x_{i2}, x_{i3}, \cdots, x_{iN})^T$，速度信息定义为 $V_i = (v_{i1}, v_{i2}, v_{i3}, \cdots, v_{iN})^T$，粒子的飞行经验定义为 $P_i = (p_{i1}, p_{i2}, p_{i3}, \cdots, p_{iN})^T$，也可以称为个体的极值。群体经验可以表示为 $G_i = (g_{i1}, g_{i2}, g_{i3}, \cdots, g_{iN})^T$，称为全局极值。每个粒子通过判断两个极值来决定运动方向。对于第 $k+1$ 次迭代，粒子按照如下公式进行变换：

$$v_{id}^{k+1} = w \times v_{id}^k + c_1 rand() \times (p_{id} - x_{id}^k) + c_2 rand() \times (p_{gd} - x_{id}^k) \tag{5.22}$$

$$x_{id}^{k+1} = x_{id}^k + v_{id}^{k+1} \tag{5.23}$$

在上述公式中，$i = 1, 2, \cdots, M$，M 表示粒子的数量，v_{id}^k 是第 k 次迭代粒子飞行速度矢量的第 d 维分量，x_{id}^k 是第 k 次迭代粒子 i 位置矢量的第 d 维分量，P_{id} 是粒子 i 个体最好位置的第 d 维分量，P_{gd} 是群体最好位置的第 d 维分量，c_1、c_2 是权重因子，$rand()$ 是随机函数，w 是惯性权重函数。

粒子群优化算法是一种高效的并行搜索算法，对于处理非线性及多峰值不可微问题有着独特的优势。同时，粒子群优化算法预制参数较少、算法简单容易实现，在特征选择上有着广泛的应用。

5.3.4　实验结果与分析

算法采用 CASIA 虹膜图像数据库进行对比实验，实验从数据库中随机选出 50 个人的虹膜图像数据库进行实验，每个人 7 张图像，共计 350 张图像。每个人选择 4 张虹膜图像作为训练样本，其余作为测试样本。评价指标采用错误接受率、错误拒绝率、正确率和算法运行时间 4 个指标。

错误接受率（False Acceptation Rate，FAR）表示被模型预测为正样本中错误预测的比例。错误拒绝率（False Rejection Rate，FRR）表示被模型预测为负样本中错误预测的比例。正确率（Accurate Rate，Acc）表示模型正确预测的样本数量占总样本的比例。它们的计算公式分别为：

$$FAR = \frac{FP}{FP+TP} \times 100\% \tag{5.24}$$

$$FRR = \frac{FN}{FN+TN} \times 100\% \tag{5.25}$$

$$Acc = \frac{TP+TN}{TP+FN+FP+TN} \times 100\% \tag{5.26}$$

对于不同个体的特征选择结果如表 5.1 和表 5.2 所示，特征选择效果图如图 5.12 和图 5.13 所示。

表 5.1 GA 特征选择结果

用户	特征索引
A	10001000000010100001010011010000001111100110000101000010001100011
B	01001001000000011111011000010100010000101011100100001110101111
C	100001011100100010101110001011001100001001111110010110010110010

表 5.2 PSO 特征选择结果

用户	特征索引
A	11010011111100100011111101000110110011000101101110000001011000
B	01001001011110001000000011000001101000111000010010001101101101100
C	000001110010011010110100001101010011101011011000111001111101111

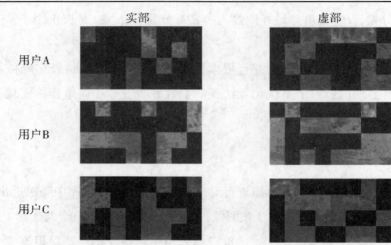

实部　　　　　　　　　　　虚部

用户 A

用户 B

用户 C

图 5.12 GA 特征选择效果图

用户 A　　　　　　　用户 B　　　　　　　用户 C

图 5.13 PSO 特征选择效果图

不同特征选择算法的评价指标对比结果如表 5.3 所示。

表 5.3 评价指标对比结果

算法	CVR（%）	FAR（%）	FRR（%）	时间（s）
GA	88.24	1.00	11.76	44.405 4

算法	CVR（%）	FAR（%）	FRR（%）	时间（s）
PSO	98.00	0	2.0	8.879 6
无特征选择	82.5	0.16	17.33	1.244 2

从对比实验结果来看有特征选择的识别算法的识别效果明显高于无特征选择的识别算法，这也说明特征选择算法有效地去除了特征数据中的噪声和冗余信息。从不同的特征选择算法来看，基于遗传算法进行特征选择的算法没有基于粒子群优化算法的效果好。分析其原因在于粒子群算法的最优解搜索过程是并行展开的，而遗传算法则不是。因此，遗传算法的计算效率要低一些。两种算法的识别率相差较大也在于实验中遗传算法的初始种群设定得不理想，导致识别结果不是特别理想。

基于特征选择的虹膜识别算法的识别效果明显要优于没有特征选择的算法，这也说明了特征选择在虹膜识别过程中的重要程度。在基于特征选择的虹膜识别算法中，利用小波变换算法对虹膜图像的重点区域进行了定位。该算法定位准确，有效地避免了眼睑和睫毛等对识别效果的影响。这也说明好的图像预处理方法可以有效地提高识别算法的性能。基于 Gabor 滤波器的特征提取算法有效地降低了原始数据的特征维数，为后续识别模型的构建奠定了基础。

5.4　基于区分度和类别相关性的虹膜识别算法

基于区分度和类别相关性的特征选择算法是从特征的自身特性出发，寻找区分性能好和与类别属性相关度高的特征。对于不同样本的同一个特征属性来说，如果它的取值完全一致或相似度非常高，则说明该特征对于区分样本没有贡献，也就是区分度较低的特征属性。如果将这类特征属性放入最优特征子集，只能增加后续算法的计算成本，对于分类没有贡献。当一个特征属性的区分性能较好时，还要考虑该特征属性是否与类别属性相关，如果该特征属性与类别的相关度较高则说明该特征对于分类具有较高的贡献，反之则说明贡献率较低或没有贡献。基于区分度和类别相关性的特征选择算法就是从特征的区分度和类别相关性两个方面分别对特征进行评价，然后将区分度和类别相关性的评价结果进行有效融合。基于该算法选择的特征属性在区分度和类别相关性上都具备较好的表现。

5.4.1　特征选择的原理及流程

特征选择算法能有效去除样本数据中的噪声数据和冗余信息，是虹膜图像处理的关键步骤。经过特征选择的虹膜数据，不仅降低了特征的维数，提高了后续算法的计算效率，还为识别模型的构建提供了数据支撑，为精准识别模型的构建提供了坚实的基础。虹膜识别算法的核心就是识别模型的构建，基于最优特征子集构建的虹膜识别模型可以有效地改善虹膜识别算法的性能，提高虹膜识别的准确率。

基于区分度和类别相关性的特征选择算法，从特征的区分度和特征与类别的相关性两个方面进行分析，利用拉普拉斯得分算法评价特征属性的区分度，通过互信息方法分析特征属性与类别属性之间的相关性，基于融合算法将每一个特征属性的区分度得分和类别相关性得分进行加权融合，最终得到最优特征子集。具体流程如图 5.14 所示。

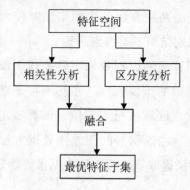

图 5.14 特征选择流程

5.4.2 特征区分度分析

在特征选择算法中采用拉普拉斯的分算法来评价特征属性的区分度。拉普拉斯得分算法是使用较为广泛的无监督评价方法之一。其思想是根据样本分布的局部结构特征对每个特征属性进行打分，进而评价该特征属性的区分度。拉普拉斯得分算法的定义为：给定数据样本集 $X=\left\{x_i \mid x_i \in \Re^d, i=1, 2, \cdots, m\right\}$，通过建立样本数据的近邻图 $G_X=(V, E)$ 来描述样本数据的局部结构信息，其中节点集 $V=X$，边集为 $E=\left\{(x_i, x_j) \mid, i \neq j, x_i, x_j \in V\right\}$，这里 x_i 是 x_j 的 k 个最近邻之一。这时，图 $G_X=(V, E)$ 的权重矩阵 $S \in \Re^{m\times m}$ 定义为：

$$S_{i,j}=\begin{cases} \exp\left(\dfrac{-\|x_i-x_j\|^2}{t}\right), & if\ (x_i, x_j)\in E \\ 0, & if\ (x_i, x_j)\notin E \end{cases} \tag{5.27}$$

其中 t 表示依赖于样本集的常量。

假定样本 x_i 的第 r 维特征为 f_{ri}，则定义向量 $f_r=[f_{r1}, f_{r2}, \cdots, f_{rm}]^T$ 和对角矩阵 $D=diag(S\cdot e)$，$e=[1, 1, \cdots, 1]^T$，是全 1 向量。图 $G_X=(V, E)$ 的拉普拉斯矩阵 $L=D$

$-S$。令 $\tilde{f}_r = f_r - \dfrac{f_r^T D e}{e^T D e} e$，则计算第 r 个特征的拉普拉斯得分如下：

$$L_r = \frac{\sum\limits_{i,\,j} (f_{ri} - f_{rj})^2 S_{ij}}{\mathrm{Variance}(f_r)} = \frac{\tilde{f}_r^T L \tilde{f}_r}{\tilde{f}_r^T D \tilde{f}_r} \tag{5.28}$$

拉普拉斯得分算法通过样本分布的局部结构特征来判别特征的区分度，没有考虑特征与类别的相关性。在实际问题中，当某个特征的区分度特别好，但是该特征与类别的相关程度非常低时，这个特征对于最终的识别来说不会有太高的贡献率。因此，还需要对特征属性的类别相关性进行分析。

5.4.3　类别相关性分析

互信息[14] 是描述变量之间相互关系的有效方法。作为一种有效的信息度量方法，互信息可以很好地表示变量之间的相关性。基于互信息的相关性评价算法是通过统计变量的信息熵来实现的。互信息描述变量之间的相关性定义如下：

$$I(X,\ Y) = H(X) + H(Y) - H(X,\ Y) \tag{5.29}$$

其中，$I(X,\ Y)$ 表示事件 X 和 Y 的互信息，$H(X)$ 和 $H(Y)$ 表示事件 X 和 Y 的熵。熵的定义如下：

$$H(X) = \sum_{i=1}^{c} - p(x_i) \log_2 p(x_i) \tag{5.30}$$

$H(X,\ Y)$ 为联合熵定义如下：

$$H(X,\ Y) = - \sum_{j=1}^{h} p(y_j) \Big[\sum_{i=1}^{c} - p(x_i \mid y_j) \log_2 p(x_i \mid y_j) \Big] \tag{5.31}$$

公式中的 i、j 代表类别，h、c 表示类别的数量，p 为概率。

基于互信息的特征与类别的相关性计算如公式 5.32 所示。

$$D(X,\ c) = \frac{1}{|X|} \sum_{x_i \in X} I(x_i,\ c) \tag{5.32}$$

这里为特征集，c 标签属性，$I(x_i,\ c)$ 为第 i 个特征与类别 c 的互信息。在类别与相关性评价方法中 D 值越大代表特征与类别的相关度越高。

5.4.4　特征融合机制及算法流程

基于虹膜图像数据样本集合，分别赋予区分度评价结果 L 和类别相关性评价结果 D 不同的权重系数。当区分度 L 起到主导作用时加大区分度 L 的权重。反之则增加类别相关性 D 的权重。具体计算公式如下：

$$S_i = \alpha \times L_i + (1-\alpha) \times D_i \qquad (5.33)$$

这里 S_i 的值越大代表该特征具有更好的区分度和类别相关性。通过大量的虹膜数据进行实验统计发现，当 α 取 0.2 时，算法具有较好的识别准确率。

基于区分度和类别相关性的虹膜识别算法步骤如下：

输入数据主要包括训练样本集 X_train，训练样本标签信息 X_label，测试样本集 Y_test，测试样本标签信息 Y_label，识别模型 Model，权重值 α。输出数据为识别结果 G。

步骤 1：设定目标特征维数 n。

步骤 2：依据循环算法同时计算每个特征的区分度得分 L_i 和类别相关性得分 D_i。

步骤 3：依据权重系数 α 将每个特征的区分度得分 L_i 和类别相关性得分 D_i 进行融合，计算最终特征评价得分。

步骤 4：依据特征评价结果选取 n 个最高分的特征属性构建最优特征子集。

步骤 5：利用最优特征子集训练识别模型 Model。

步骤 6：通过识别模型 Model 对测试样本集 Y 进行识别。

步骤 7：返回最终识别结果 G。

5.4.5 实验结果与分析

采用 CASIA 虹膜图像数据库进行对比实验，从数据库中随机选出 50 个人的虹膜图像数据库进行实验，每个人 7 张图像，共计 350 张图像。为降低实验误差，对比实验采用交叉验证的方式进行。每次实验都从数据库中随机选择 4 张虹膜图像作为训练样本，其余作为测试样本，多次实验的平均值作为最终的识别准确率。为了验证算法的有效性，将基于区分度和类别相关性分析的特征选择算法与 Fisher 得分算法、T-test 算法、In fo Gain、LS、CS 和无特征选择算法进行了对比。对比实验结果如表 5.4 所示。

表 5.4 不同特征选择算法的识别结果

特征选择算法	预测准确率（%）	特征维数
区分度和相关性分析的特征选择算法	85.8	35
Fisher 得分算法	84.8	60
T-test 算法	84.4	55
Info Gain	85.3	45
LS	84.3	60
CS	84.8	40
无特征选择算法	83.3	64

从表 5.4 中可以看出基于区分度和类别相关性的特征选择算法的预测准确率是最高的，选择的特征维数也是最少的，仅仅使用了 35 个特征属性就取得了较高的预测准确率。因此可以判断，特征的区分度和类别相关性在虹膜识别过程中起着非常重要的作用。图 5.15 是不同特征选择算法在不同维数特征时的预测准确率比较结果。

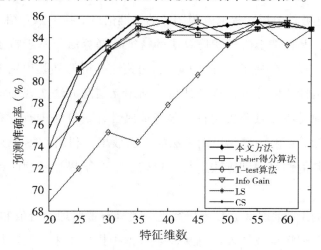

图 5.15　不同特征选择算法比较效果图

从图 5.14 可以看出在选择特征维数相同的情况下，基于区分度和类别相关性分析的特征选择算法的预测准确率基本都高于其他特征选择算法的预测准确率。并且当选择到 35 维特征时，算法就取得了较高的预测准确率。这也说明特征集合中区分能力较差、类别相关性较低的特征一定会降低识别模型的性能。

通过预测准确率来看，采用特征选择算法和无特征选择算法的情况预测准确率提高的幅度不是很大。原因在于特征提取阶段采用多尺度环对称 Gabor 滤波器提取的特征基本能够代表图像的主要特征，并且冗余特征相对较少，这也证明基于 Gabor 滤波器的特征提取算法具有较高的性能。

5.5　本章小结

本章主要介绍了基于特征选择的生物特征识别算法。首先对特征选择的概念、基于搜索策略的特征选择算法、基于评价策略的特征选择算法和有监督的特征选择算法进行了介绍，使读者能够对基于特征的生物识别算法的基本流程和关键技术有所了解，明确特征选择算法的分类及各种特征选择算法的原理和优势。在介绍各类特征选择算法时对分支定界法、遗传算法、模拟退火算法、拉普拉斯得分法、Fisher 得分算法等不同类型的特征选择算法进行了详细的阐述，明确了其设计思想及基本原理，重点阐述了各类算法的优缺点和适用情况。本章还以生物特征识别中的虹膜识别为例，详细介绍了两种基于特征选择的虹膜识别算法。在基于遗传算法和粒子群优化算法进行特征选择的虹膜识别算法中就其算法的关键技术进行了系统分析。首先，给出了虹膜图像的预处理算法及特征提取流程，通过虹膜内外边界计算方法获取了完整的虹膜图像，通过对虹膜图像的分析，并利用 Gabor 滤波器分层次提取虹膜图像的关键信息。接下来介绍了提出改进的遗传算法用于特征选择，并将基于改进遗传算法的特征选择算法与基于粒子群优化算法的特征选择算法进行了比较。在基于区分度和类别相关性分析的虹膜识别算法中，基于拉普拉斯得分法对特征属性的区分度进行了评价。利用互信息方法实现了特征属性与类别属性的相关性分析。通过特征融合机制将两种特征属性评价算法进行了有效融合，最终获得最优特征子集。为验证两种虹膜识别算法的识别效果，利用 CASIA 虹膜图像数据库进行了对比实验，与其他虹膜识别算法进行了比较，实验结果显示这两种算法都取得了较好的识别效果。

基于特征选择的生物特征识别技术研究是一项具有重要理论价值和应用前景的研究。特征提取算法虽然能够将有效特征信息从原始数据中提取出来，但往往还会提取出一些冗余信息和噪声数据。对于这些数据信息的处理则必须由特征选择算法来完成。特征选择算法不仅能够剔除这些无用信息，还可以实现特征维数的约简，提高后续算法的计算效率和识别模型的准确率。同时，基于最优特征子集构建的识别模型的解释性更强，便于理解。随着研究工作的不断深入，我们相信越来越高效简洁的特征选择算法将会被提出，并且应用于社会生活的各个领域。

参考文献

[1] 齐妙，闫光友，徐慧. 基于多尺度特征选择网络的人脸表情识别 [J]. 吉林大学学报（理学版）. 2022，60（2）：425-431.

[2] 郑蓉. 基于最小二乘改进的特征选择算法在人脸识别中的应用 [D]. 温州：温州大学. 2016.

[3] 林炜星，王宇嘉，陈万芬，等. 基于多因子粒子群的高维数据特征选择算法 [J]. 计算机工程与应用. 2021，57（22）：199-207.

[4] 李占山，刘兆赓. 基于 XGBoost 的特征选择算法 [J]. 通信学报. 2019，40（10）：101-108.

[5] 庄健，杨清宇，杜海峰，等. 一种高效的复杂系统遗传算法 [J]. 软件学报，2010，21（11）：2790-2801.

［6］何庆，吴意乐，徐同伟，等．改进遗传模拟退火算法在 TSP 优化中的应用［J］．控制与决策，2018，33（2）：219-225.

［7］张松灿，普杰信，司彦娜，等．蚁群算法在移动机器人路径规划中的应用综述［J］．计算机工程与应用，2020，56（8）：10-19.

［8］He X，Cai D，Niyogi P．Laplacian score for feature selection［C］．International Conference on Neural Information Processing Systems，2005：507-514.

［9］张小清，王晨曦，吕彦等．基于 ReliefF 的层次分类在线流特征选择算法［J］．计算机应用，2022，42（3）：688-694.

［10］Van't Veer L J，Dai H，Van De Vijver M J，et al．Gene expression profiling predicts clinicaloutcome of breast cancer［J］．Nature，2002，415（6871）：530-536.

［11］Bishop C M．Neural networks for pattern recognition［M］．Oxford：Clarendon Press，1995.

［12］Zhang D，Chen S，Zhou Z H．Constraint Score：A new filter method for feature selection with pairwise constraints［J］．Pattern Recognition，2008，41（5）：1440-1451.

［13］高新宇．基于基尼系数的深度神经网络健壮性提升方法［D］．南京：南京大学．2021.

［14］Ding，J. R.，Huang，et al．Elastogram features selection and classification based on MRMR and SVM［J］．Journal of Harbin Institute of Technology．2012，44（5）：81-85.